敬子◎主编
规划整理塾（CALO）◎著

整理师手记

ORGANIZER'S NOTE

中国工人出版社

图书在版编目（CIP）数据

整理师手记 / 敬子主编；规划整理塾（CALO）著.
--北京：中国工人出版社，2021.4
ISBN 978-7-5008-7646-5

Ⅰ.①整…　Ⅱ.①敬…②规…　Ⅲ.①家庭生活 – 基本知识　Ⅳ.①TS976.3

中国版本图书馆CIP数据核字（2021）第068067号

整理师手记

出 版 人	王娇萍	
责 任 编 辑	李 丹	
责 任 印 制	栾征宇	
出 版 发 行	中国工人出版社	
地　　　址	北京市东城区鼓楼外大街45号　邮编：100120	
网　　　址	http://www.wp-china.com	
电　　　话	（010）62005043（总编室）	
	（010）62005039（印制管理中心）	
	（010）82075935（职工教育分社）	
发 行 热 线	（010）62005996　82029051	
经　　　销	各地书店	
印　　　刷	北京美图印务有限公司	
开　　　本	710毫米×1000毫米　1/16	
印　　　张	19	
字　　　数	266千字	
版　　　次	2021年5月第1版　2021年5月第1次印刷	
定　　　价	98.00元	

目　录

职业篇
规划整理师基础知识

人本篇
一切为了居住者

物品篇
让物品服务生活

空间篇
解决空间疑难杂症

特别篇

不只是家庭整理

職業篇
规划整理师基础知识

01 整理行业的发展现状

在我国，整理收纳作为一种新的生活方式得到了广泛传播，整理师这一新兴职业在一、二线城市迅速崛起。

其实，整理行业在国外是相对成熟的行业。美国成立的专业整理协会——美国职业整理师协会（NAPO）已有32年的发展历史；日本的整理收纳自20世纪90年代以来就得到了广泛的社会传播，并逐渐有整理专家和工作室等提供整理教育，各类整理收纳机构多达30余个，其中专门培养职业规划整理师的协会——日本生活规划整理师协会（JALO）已有13年的发展历史。

此外，国外培养专业整理师的组织机构还有：美国慢性整理无能研究所（ICD）、加拿大职业整理师协会（POC）、荷兰职业整理师协会（NBPO）、英国职业整理收纳师协会（APDO）、巴西效能与整理专家协会（ANPOP）、韩国职业整理师协会（KAPO）、意

国外培养专业整理师的组织机构

大利职业整理收纳师协会（APOI）。

整理收纳能在我国发展起来，既有经济和社会发展的必然性，也有知识传播带来的普及和发酵作用。近年来，网络购物、电商直播等新渠道的快速发展让消费变得更加便捷，我国居民的消费能力不断提升，消费观念也发生了巨大改变。调查显示，中国个人消费的年均增速可达 9%，每个人拥有的商品数量大幅增加。

与此同时，我国一、二线城市的房价普遍飞涨，在房价压力下的个人居住空间提升受到了很大的限制——物品越来越多，房屋面积却不可能随之增长。

在此背景下，我国国民对收纳的关注度大幅提升。从中国网民近 5 年来在百度搜索"收纳"一词的频次来看，2011—2016 年，搜索次数整体呈上升趋势；自 2013 年起，我国国民对收纳的认知与需求进入大幅增长时期；2015 年，我国爆发整理收纳热潮。

我国整理行业的发展受到了国外方法的启蒙，并且搭上了微信公众号、知识付费和短视频的传播快车，迅速成为席卷生活领域的新方法论。

在我国出版的整理收纳外版书中，来自日本的书籍数量最多且远超其他国家和地区，中国台湾、美国、韩国次之。可以说，在整理收纳理念和方法的启蒙、传播方面，日本对我国的影响最大。

2012 年 8 月，微信公众平台上线，整理收纳知识随着各类微信公众号的发展得到了极大的传播。随着互联网支付的不断发展，我国网民开始接受以付费的方式获得知识和技能，加之以果壳、知乎为代表的在线知识型社区多年的运营沉淀，知识付费应运而生，搭载知乎 Live、在行、分答、得到、十点课堂等大量涌现出来的新平台，整理收纳等生活技能在我国生根发芽。

当前，我国的整理收纳行业还处在发展初期，从萌芽期零散个人的服务输出和知识分享逐渐过渡到由专业教育机构提供相关服务。

2016 年，中国的规划整理师协会——规划整理塾（CALO）创始团队与 JALO 建立独家合作关系，将专业的整理认证课程带到国内。2017 年，作为 JALO 在中国的唯一合作伙伴，CALO 正式成立。

CALO 创始团队（中：敬子；右：王菊；左：郭岩）

成立于 2008 年的 JALO 是日本第一个培训职业整理人员并支持他们创业和就业的组织，推行的理念是"让生活越来越轻松"，通过整理去创造舒适的生活，而非简单地扔物品；主要工作是研究和传播整理知识，组织和宣传与整理有关的活动，对规划整理师进行资格认证和人才培养，介绍和提供海外专业整理师的信息，推出相关教材等；所培养的整理从业者被称为" Life Organizer"——咨询协助型整理专家，与代劳型整理师不同，咨询协助型整理专家提供的服务是从全面的思考整理和情感整理开始的。截至2020 年 8 月，JALO 的二级规划整理师认证人数达到 10959 名，一级规划整理师认证人数达到 2646 名，协会会员人数达到 1011 名。

JALO 官方网站 JALO 创始人兼理事长高原真由美

    CALO 的使命是通过规划整理这一门生活规划技术让越来越多的家庭掌握规划、整理、收纳知识从而享受更好的生活，通过提倡以人为本的理念让家庭关系更加和谐，同时支持个人规划整理师开展事业，陪伴规划整理师成长。

    CALO 初期在国内开展课程推广，后期不断进行内容原创，并形成教育培训、公益运营相结合的发展方式，主要工作是传播规划整理理念、方法，对整理爱好者和整理师

CALO 官方网站

进行培训、职业认证、就业指导、执业支持；作为国内整理市场的内容提供商，不断提供认证课程、企业培训、讲座沙龙、书籍出版、线上直播等原创内容输出；作为国内整理市场的服务供应商，为市场提供上门规划整理（全家整理、局部空间整理、新家收纳规划）、日式搬家规划整理等服务，为规划整理师提供市场信息平台。

2021 年，CALO 首次独家将 ICD 针对慢性整理无能（Chronic Disorganization）、注意力缺陷多动症（ADHD）整理、老龄整理、囤积症整理的专项认证课程带到国内。

02　规划整理师的定位

在整理行业中，规划整理师（Life Organizer）是指咨询协助型整理专家。规划整理（Life Organizing）并不是对物品和空间的简单动手整理，而是思考先行、以人为本的定制化整理和生活规划技术，以生活为特定的对象，对人、物品、空间进行规划、整理、收纳，从而使自己和他人过上理想的生活。

在整理行业中，主要分为保洁师、收纳师、整理收纳师、规划整理师 4 个工种。

保洁师以清洁打扫家居环境为主要工作内容，时薪一般为几十元，是目前在家庭服务业中普及程度最广、市场化程度最高的工种。他们不能做到的是对客户家里的物品进行收纳。

收纳师是指经过一定的收纳培训，能够按照专业知识对客户家里的物品进行分类和定位，以专业的摆放方式打造家居收纳环境的工种，时薪比保洁师略高。目前，收纳在我国属于比较新的服务，部分中、大型家政公司正在将金牌保洁师往收纳师的定位培

保洁师　　时薪 50 元，负责清洁

收纳师　　时薪 80 元，负责收纳

整理收纳师　　时薪 120 元，负责整理

规划整理师　　时薪 300 元，负责定制化整理

整理行业的 4 个工种（时薪参考美国、日本的行业标准）

养。他们可以使未经收拾的家呈现井井有条的状态，不能做到的是带领客户对家里的物品进行取舍和清理。

整理收纳师在我国也是新兴职业，主要负责带领客户对物品进行清理、筛选和收纳，时薪一般超过百元，目前多以个人整理师及小工作室的方式进行工作。他们不能做到的是为客户提供个性化整理方案。

规划整理师是整理行业中提供深层次服务的工种，向上兼容整理与收纳工作，在进行物品和空间的整理收纳之前，先以上门咨询的方式对居住者的情感和思考进行整理，在个性化的基础上做物品整理收纳，而非进行标准样板间式整理。目前，日本规划整理师的时薪为 4000 ~ 6000 日元（不含税），美国规划整理师的时薪为 40 ~ 60 美元，我国规划整理师的时薪一般为 300 元。作为咨询协助型整理专家，规划整理师既能发挥专家顾问的特长进行一对一深度咨询，又能动手协助完成物品和空间的实际整理工作。

在 CALO 的规划整理师中，79% 的整理师具有本科及硕士以上学历，具备咨询知识服务能力，可在提供整理服务之外开课、出书；90% 的整理师的年龄在 30 ~ 50 岁；

74% 的整理师已婚已育，具有生活阅历，对家庭生活有较深的理解。值得一提的是，在美国，规划整理师的最大年龄可达 70 多岁，可见，规划整理并不是"吃青春饭"的行业，反而越老越吃香。

2018 年，CALO 开始培养一级规划整理师，并根据国情在 JALO 的一级认证课程基础上进行原创内容补充和调整。要想从零开始成长为规划整理师，除了学习规划整理上门服务的理论、方法和咨询、实操外，还要学习开设课程、讲座的方法、技巧和打造个人品牌、吸引运营流量的宣传技巧、销售技能；学习完毕后，需要参加 JALO 和 CALO 的双认证考试，考试合格后方可获得双认证的规划整理师资格证。

JALO 和 CALO 双认证的一级规划整理师资格证

03 规划整理师的主要工作

由于每个家庭的情况不一样，每个人有不同的思考模式、价值取向和生活习惯，只有为客户提供"以人为本"的定制化整理方案，客户才可以轻松做到长期维持整理效果。

从人入手做整理，是最具深度的整理。规划整理不仅能让客户收获整洁易维持的家居环境、为孩子创造合理有序的成长环境，还可以让客户整理自己和家人的思考和情感，增强对生活的掌控力，促进家庭关系更加和谐。

在我国的整理行业中，规划整理师主要做两方面工作：

（1）开展规划整理教育，传播规划整理的理念和方法。

除了规划整理师将自己的整理经验进行梳理总结并出版成为家庭生活领域的畅销书籍之外，CALO 还会组织会员集体撰写并出版教材，不仅引进翻译了 JALO 的《高效生活整理术》，还自主编写了亲子规划整理教材《亲子规划整理术》。

规划整理入门讲座、认证课程，也是面向大众进行的整理知识传播。目前，由 100 余位规划整理师开设的规划整理三级认证课已在全国 40 余个城市开课近 500 场，包括：北京、常熟、成都、赤峰、大连、大同、佛山、广州、贵阳、杭州、呼和浩特、济南、

规划整理师开设的规划整理三级认证课

九江、昆明、昆山、临沂、柳州、南宁、濮阳、普洱、青岛、曲靖、厦门、上海、深圳、沈阳、石家庄、苏州、台州、太原、武汉、西安、郑州、烟台、益阳、长沙、重庆、新乡……

　　规划整理师可以通过线上直播、线下活动相结合的方式进行整理知识输出，提升大众对规划整理的认识。

CALO 组织规划整理师在疫情期间做线上直播分享

CALO 组织的多城联动公益宣传活动

规划整理师还会受到企业、事业单位、政府、学校、书店等各类组织和机构的邀约，进行内部培训和讲座分享。

规划整理师走进企业、政府、学校

通过电台、电视台、报刊、互联网等媒体接受采访或者录制节目，也是规划整理师宣传整理知识的重要途径。

规划整理的相关媒体宣传活动

（2）提供规划整理服务。

规划整理师主要提供包括上门咨询、远程线上咨询指导、上门规划整理、搬家规划整理、局部空间（衣橱、厨房等）规划整理等服务。

由 CALO 培养的亲子规划整理师不仅可以提供上门亲子规划整理咨询、儿童房整理等服务，还可以开设亲子整理工作坊、开展亲子规划整理讲座和活动等。

亲子规划整理活动和儿童房上门整理服务

04　规划整理师的上门整理服务

规划整理上门服务源于 JALO，经 CALO 改良后，更加适应中国本土家庭，是为了让客户及其家人过上符合自己价值观的生活从而对人、物品、空间进行规划、整理、收纳的以人为本的上门整理服务。

咨询　　　　拿出　　　　　　筛选　　　　　分类　　　　舍弃　　　收纳

规划整理师的一般服务流程

与收纳服务、整理服务相比，规划整理上门服务不是简单的动手收拾物品和房间，而是思考先行、以人为本，动手之前先上门咨询，整理客户的思考和情感。

第一次上门：通过咨询进行人的整理，一般耗时 3 个小时。在此过程中，需要了解客户及其家人的生活状态、习惯类型，进行惯用脑测试和价值观整理，找到问题点，现场讨论规划、整理、收纳方案，进行空间、物品拍照以及房间、柜体测量，最后形成个性化整理方案。

规划整理师进行上门咨询

第二次上门：进行物品和空间的整理。由于现场整理的工作量非常大，一般以团队（规划整理师带领助理）的方式提供整理服务。

规划整理师进行衣橱整理收纳及柜内改造

规划整理师提供厨房整理、书籍整理、全屋整理、搬家整理等上门服务

以人为本是规划整理的特色，也是规划整理师的价值观。

相比居住者来说，规划整理师具备更多关于规划、整理、收纳的知识和技能。不过，规划整理上门服务并不是规划整理师居高临下地用个人经验去教育甚至评判居住者，而是尊重居住者的现状、家庭结构和关系，在充分理解居住者的价值观、思维特点和行为习惯的基础上，以居住者的理想生活为标准，为居住者定制专属的个性化整理方案。

在本篇手记中，你可以看到规划整理师如何展现以人为本的职业风采，并理解规划整理的现实意义和价值：

规划整理能够启发居住者进一步认识、接纳真实的自己。

规划整理能够帮助居住者改善家庭关系，在打造和谐家庭生活的基础上，满足所有家庭成员的基本需求。

规划整理能够为所有家庭成员打造界限分明又兼具包容性的生活环境，解决不同的人居住在一起必然产生的超越界限甚至是产生摩擦冲突的问题。

规划整理能够培养和提高孩子的独立性和自我管理能力。

 **规划整理让你更加悦纳自己**

得到 *App* 创始人罗振宇说："人怎么才能认识自己？有一个非常简便的方法，那就是看自己攒的那些东西。它们其实就是你各种无意识的内在需求、凌乱大脑的实体显现。所谓整理，就是通过决策东西的去留，来对自己进行心理治疗。"

的确，大部分人在日常生活中可能从未有意识地去检视自己的物品和空间。其实，有意识地去检视物品和空间，是认识和了解自己的一种渠道与手段。

"整理让我更加珍惜自己的生活，更爱自己。"这是整理带给一部分客户的最初感动，也是他们实现自我成长的重要契机。

正如古希腊思想家苏格拉底所说："未经省察的人生是不值得过的。"整理能够让人更清楚地认识自己、检视自己，只有看清自己，才谈得上悦纳自己。

01　在清晰的衣帽间里找出真实的自己

米米的家是从院子外路过就会忍不住驻足、看一眼就会爱上的独栋别墅。环顾室内，通透宽敞的空间、考究的家具、充满巧思的装修设计、非常克制的颜色搭配等，无一不透露着秩序感，将简约且人性化的北欧风格展现得淋漓尽致。

米米的房子是漂亮、宽敞的独栋别墅

通透舒适的开放式厨房是家的中心

然而，当规划整理师魏小晖看到米米 20 ㎡ 的衣帽间时，发现虽然衣帽间的内部布局设计合理，但是 T 恤堆叠在一起、碎花连衣裙挤作一团，整个衣帽间满满当当，看起来毫无活力。

这就是米米邀请小晖来做整理服务的原因和动机。

小晖以着装风格为切入点，从日常活动场景、个人兴趣爱好到当前的困扰等方面，提出了 100 多个问题与米米交流。

经过沟通，小晖发现米米喜欢黑、白、灰色调和简单大气的着装风格，而米米衣帽间混乱的症结在于米米的衣服过多且大量闲置，同时米米存在着深层次的自我认知矛盾。

在规划整理咨询的过程中，小晖和米米一起去查看衣帽间时发现，虽然米米说自己

米米和她的 500 件衣服，数量过多必然导致大量闲置

平时经常穿正装出席各种会议、每周还有几次闺密下午茶，但是衣帽间的衣服中只有 2/5 是西服、外套、风衣，其余大部分都是碎花连衣裙、T 恤、家居服、运动衣。小晖让米米选出自己最常穿的 3 套衣服，不出所料，米米选出来的是休闲服、家居服和瑜伽服。

"真相"水落石出——米米想要的自我形象和她最常穿的衣服所反映出来的形象对不上。也就是说，米米对自己形象的认知定位与现实情况存在很大的差距。米米一直憧憬自己是叱咤商场的白领精英，并为此储备了大量衣服，但由于与平常的角色、身份不匹配，只能将这些衣服闲置在衣帽间里，加之想象没有止步，就造成了不停地买却又没法穿的现状。

米米正在思考如何回答筛选衣物的"扎心连环问"

小晖和米米一起清点、筛选衣物

那么，哪个才是真实的米米呢？

找出真实的自己，成为这次衣帽间整理行动背后的任务。

确定整理方案以后，历时 16 个小时的衣帽间整理行动开始了。

把所有衣服都拿出来以后，米米自己都惊呆了，累得几乎瘫坐在地上。

在整理的过程中，米米对很多衣服都难以割舍，因为她赋予了衣服很多意义，似乎每件衣服都有很多故事。比如，米米有 42 条破洞牛仔裤，在旁人看来这些牛仔裤的风格完全一致，但在米米的眼中它们各有不同，而且每一条都陪她度过了去年的夏天。

不过，小晖发现米米对衣服的很多表述更多的是希望而非现实。针对这种情况，小晖建议米米在下午 5 点集中试穿不知道什么时候稀里糊涂买回来的衣服。随着不断地筛选，米米的决断力终于被调动起来。到了集中试穿时，她直接放弃了 20 多件"喜欢得不行不行"的衣服，连试都不试了。

将 500 件衣服拿出来进行集中清点后，小晖和米米完成了对衣物的筛选、分类、定位、收纳流程，不仅将米米最常穿的休闲服、家居服、瑜伽服挂在了"黄金位置"，还将原本堆在一起的 T 恤、连衣裙全部展现出来。最终，衣帽间呈现出一个有活力的状态——原来，真实的米米是爱运动、爱美食、爱家庭的人。

通过这次衣帽间整理行动，小晖帮助米米摒弃了想象中的自己，描绘出了鲜明、突出、真实的自我轮廓。在最后一次回访时，米米开心地告诉小晖，借助衣帽间整理的契机，她已经成功瘦身 20 多斤，开始进军美食和运动领域了。

一个清晰的衣帽间必然会表达出一个清晰的自我。小晖在帮助米米整理衣帽间的同时，也在无形中帮助米米做了一次角色确认和职业规划。果然，真实的自己就藏在清晰的衣帽间里呀！

整理前的仓库式衣
帽间，衣柜的顶部
塞满了收纳箱

找出真实自我后的衣帽间，不再是以前的仓库模样，米米最常穿的休闲
服、家居服、瑜伽服大大方方地占据着衣帽间的"黄金位置"

02 努力扔衣服却扔不掉爱美的心

娜娜是一位非常喜欢尝试并且擅长搭配不同服装的爱美女生,她经常呈现出不同的装扮风格:时而休闲、时而职业、时而可爱、时而时尚……可想而知,娜娜的衣服必定不会少。

当规划整理师 Minnie 来到娜娜的衣帽间时,看到地上、桌上随意放着大袋小袋物品,桌下的空间也被塞得满满当当,让人搞不清楚到底是衣物、杂物还是垃圾。如果不是事先知道这是衣帽间,而且衣架上挂着当季衣服,估计任何人都会以为这是没有经过设计规划的杂物间。

娜娜为什么会找 Minnie 来做规划整理也就不言而喻了。

Minnie 以"想要拥有什么样的衣帽间"为导向展开咨询和交流,多方位了解娜娜的日常需求、生活习惯、思维模式和当前面临的各种困扰等。经过沟通,Minnie 发现喜欢搭配不同衣服的娜娜非常喜欢"买买买",而且明知道有些衣服自己永远不会穿也还是

整理前,衣帽间随处堆放着衣物

因为喜欢就买回来。由于衣服种类多，自己又不擅长整理收纳，衣帽间就长期处于混乱状态——衣服很多却经常找不到合适的来穿搭已经成为常态，就算有擅长整理的家人帮忙收拾也很快恢复原样。时间一长，娜娜常常陷入自责的状态，觉得自己不会整理收纳也就算了，还整天"买买买"，而且有些衣服买回来不穿，太浪费钱了……最后，娜娜不得不压制自己的喜好，强制要求自己过极简生活，送走绝大部分心爱的衣物，但无奈的是，送走了衣服却送不走那颗爱美的心，而且衣服虽然少了，但衣帽间还是该怎么乱就怎么乱，属于典型的治标不治本。

针对娜娜的困扰，Minnie 根据她的思维模式、实际需求等做了进一步交流并形成整理方案。在这期间，Minnie 让娜娜深刻地认识到爱美是很正常的事情，每个人都值得被自己喜欢的物品包围着，只要喜欢，也有条件，并愿意花时间去管理，就可以"买买买"，就算是买来摆着或收藏都是可以的，重要的是要做好规划整理，而之前没做好整理收纳，只是因为自己不擅长，没找到适合自己的方式而已。

这次整理行动历时近 6 个小时，随着整理效果慢慢地呈现，娜娜的心情越来越轻松愉悦，最后她非常兴奋，迫不及待地拍照留念并分享出去。

整理小贴士

如果客户被"买买买"困扰着，那可以让客户在购买物品前，对自己来个"灵魂拷问"："我喜欢吗？我需要吗？我愿意花时间精力来管理它吗？"只要静心思考、认真回答，最后带回家的就都是当下喜欢和需要的物品。

在整理时，针对由"买买买"带来的物品过多难以取舍的问题，可以用四分法（喜欢、不喜欢、常用、不常用）来筛选，让客户在筛选物品的过程中与真实的自己联结起来，明确自己当下的真正喜好和需求，然后根据制定好的整理方案来陪伴客户对物品进行分类、定位、摆放和调整。

1 | 2
——
3

1　双层衣架不仅满足了娜娜目前收纳大量不同风格衣
　　服的需求，而且有足够的留白来满足未来"买买买"
　　的需求

2　单层衣架专门用来挂娜娜的长款衣服，底部收纳着
　　非当季衣物

3　经过规划整理，衣帽间被打造成临时客房

如今，娜娜不仅拥有了整洁有序的衣帽间，还将衣帽间打造成了临时客房，更重要的是，现在的她从内心到外在都全然接受了爱美的自己。

后来，娜娜给 Minnie 写了一封感谢信。

Minnie：

说实话，一开始我并不确定你能真正解决我的问题，但在咨询的过程中，我确定我选对了人。当你倾听我的烦恼、了解我的各种需求时，令我惊喜的是，你居然不是来劝我舍弃衣物的！你接纳和尊重我的一切，你用你的专业围绕着我的需求展开规划，这更是让我既满足又兴奋。

老实说，在咨询结束、确定大致整理方案后，我觉得没必要再花钱请你来陪伴整理了，特别是当我把衣服整理得"看起来"很整齐后，我的先生也说"你自己都弄好了，还叫别人来陪你做什么"。然而，时间过去一天又一天，我发现自己还是不容易找到想要穿搭的衣物，桌上、地上又慢慢堆满衣物，衣服怎么挂都觉得不合适……我意识到我还是需要你的，于是又心甘情愿地花钱进行第二阶段的陪伴整理。

感恩你陪伴我与每一件衣服进行心与心的交流，并手把手地教我为每一个物品找到它的家。经过整理，我发现自己喜欢并常穿的衣物并不多，反而是大量不常穿、不喜欢的衣物占据着衣帽间的空间和我的精力心神。当我纠结于扔不扔一些因为喜欢而买来但从来不穿的衣服时，你对我说："这件衣服虽然你不会穿，但是你那么喜欢它，就把它当收藏品挂着，滋养你也是可以的。"这句话瞬间治愈了我，不仅让我清理了因花钱买不穿的衣服而产生的内疚感，更让我意识到我值得为自己的喜好买单。

谢谢你为我量身打造了独一无二的衣帽间，现在我每天只用花 5～10 分钟就可以维持衣帽间的整洁有序，使用起来非常方便。当然，我最大的收获是内心轻松了、舒适了、开心了。感恩有你！

感恩的娜娜

03 即便是租房，也要精致生活

在大多数人的眼里，对自己的房子花多少心思都是值得的："等我有了自己的房子一定要好好布置，客厅铺块地毯，书房放一排柜子，厨房要有烤箱，阳台种点多肉，再装个纱帘随风飘摇……"而租房只是过渡，能凑合就凑合。

婷婷却不这么认为。在她看来，不管房子是租的还是买的，生活都是自己的，即便是租房，也要精致生活。

婷婷前几年一直与闺密合租一间卧室，今年终于换了一个单间。为了过上自己理想的生活，她刚一搬家就约了规划整理师付付上门整理。

由于工作原因，婷婷经常要搭配非当季服饰，虽然她一直按照季节来收纳衣服，但

整理前，书桌上堆满杂物

整理前，衣柜凌乱不堪

除了挂出来的那几件，其他收起来的衣服她完全不记得放在哪里，每次都要上演一轮翻箱倒柜才能把要穿搭的衣服找全，然后衣柜就变得凌乱不堪。

精致生活的前提必然是整洁有序。考虑到婷婷没有太多时间打理衣物，付付决定采用容易维持的收纳方式——与叠衣服相比，挂衣服不仅动作简单，而且不易复乱。

其实，如果空间允许，将一年四季的外穿衣服都挂出来是最好的方案。然而，由于婷婷一再强调不扔衣服、不加衣柜，她的衣服数量明显超出了衣柜的收纳能力，物品和空间出现了失衡。

经过深度探讨，付付建议婷婷：

将衣物分为夏装、春秋装和冬装；

优先悬挂目前穿着频次最高的夏装，尤其是上衣和裙子；

将可能需要穿的春秋装收纳到抽屉式收纳盒里，放在弯腰就能够到的衣柜下方；

将暂时穿不上的冬装收纳到百纳箱里，放在衣柜顶部。

如此一来，婷婷的整理思路瞬间清晰。她不仅十分期待整理后的样子，还表示要跟付付一起动手学习整理。她说请规划整理师上门，不只是想要得到整理后的效果，更希望学会整理技能，更好地照顾自己。

婷婷的衣柜里有 6 个抽屉式收纳盒，里面的衣服都被平铺折叠起来，一拿下层的衣服就会把上层的衣服翻乱。针对这种情况，付付演示了直立折叠法。婷婷恍然大悟，惊喜地喊："原来抽屉的正确打开方式是这样呀！每件衣服都独立存在，取放起来既方便又不会乱，太实用了！"

当然，最方便的衣物收纳方法还是挂起来。悬挂区是衣柜的"黄金区域"，伸手就能够着。为了让"黄金区域"得到充分利用，付付建议婷婷先将连衣裙挂在左侧、半裙

采用平铺折叠法收纳衣物的抽屉容易变乱

采用直立折叠法收纳衣物的抽屉整洁有序

整理后，衣柜、书桌都变得整洁有序

和上衣挂在右侧，再将半裙和上衣由短到长排列，下方空间刚好可以放两个抽屉式收纳盒和床品。

看到整洁有序的衣柜后，婷婷的整理热情高涨，主动要求自己整理书桌、付付在旁指导。虽然只是一个小区域，但这是她迈出系统性整理的第一步。

整理结束后，婷婷迫不及待地拍照发给妈妈看。她说要让妈妈放心，相信她一个人租房也可以过得很精致。她开心的样子不仅让付付感动，也让付付再次感受到规划整理师这个职业的价值和意义。

04　用整理重燃对生活的热情

第一次上门咨询时，陈小嘎说她想要的家的理想状态是像酒店一样整洁，可是日子过着过着，生活就从"理想状态"变成了"普通模样"。"旧沙发还不知道要怎么处理，"她指了指客厅里的两个沙发和两个茶几，"新沙发就已经用上了。"递给规划整理师杨大宇一个无印良品的茶杯后，她拿起一个面包店的赠品杯喝了一口水，她说这个杯子已经用了10年。

小嘎希望通过全屋整理改善令她不满的居住现状——120 ㎡的居住空间堆满了衣服、生活用品和健身器材。她相信整理可以帮助36岁的自己疏通"卡住了"的生活，梳理自己与家人、伴侣、物品和金钱的关系。她要求与大宇团队一起甩开膀子干，她说她的生活，她要参与，而且要做主。于是，大宇团队制订了引领式深度整理计划——大宇团队教授整理原则、示范收纳流程和方法，主要的整理工作则由小嘎亲手完成。

厨房物品俯瞰，一个人活出了一家人的气势

整理从厨房开始。当所有的料理用品和食材摊满厨房、客厅、餐厅的台面和地面时，三人两犬目瞪口呆，大宇感叹她一个人活出了一家人的气势。小嘎说很多藏在橱柜深处的锅碗瓢盆，她上一次摸可能是5年前了……

经过4个多小时对所有物品的逐一筛选，小嘎留下了需要的、好用的和喜欢的物

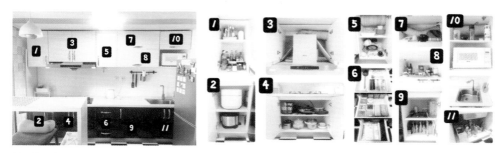

按照物品类别和烹饪习惯重新定位厨房收纳空间

整理前，客厅堆满了物品，拥挤杂乱

整理后，客厅没有了不常用的
物品，宽敞通透

品，然后大宇团队根据小嘎的烹饪习惯重新规划了厨房每一个收纳空间的功能，让里面的物品一目了然，便于取用。

之后的两周，大宇团队和小嘎一起有条不紊地对客厅、卫生间、玄关进行整理。在

整理前，餐厅的四人餐桌让人感到"沉重"　　　　整理后，餐厅只保留了一把椅子，让人感到"轻快"

这个过程中，小嘎转卖了一个四人餐桌和两个茶几——她意识到餐桌这个每家都有的标配家具，在她这里除了放快递和包，一年用不了 10 次，而她最需要的是一个精致且方便挪动的小桌子——定做了一个既能当餐桌又可当茶几的桌子，这个决定让整个客厅和餐厅都变得宽敞通透。

　　大宇团队特意把最容易让女生崩溃的衣物整理放在最后环节。不过令人惊讶的是，崩溃并未当场发生。原来，小嘎提前准备好了一份详尽的根据生活场景分类的衣物清单。因此，与一般的衣物整理过程不同，大宇团队并不需要与小嘎一件件确认衣物的取舍，而是根据清单上的衣物数量精选出令她满意的衣物即可。

整理前，床头挂衣区有不少叠放的衣物，显得空间拥挤杂乱

整理后，床头挂衣区只挂未来一周需要穿的衣服

衣物俯瞰，根据衣物清单进行精选

整理前，衣物采用叠放法存放，取放不便

整理后，衣物采用直立法存放，取放方便

　　惯用脑型是右左脑的小嘎果然杀伐决断，整个挑选和试穿的过程只用了 2 个小时就完成了。之后，小嘎根据使用习惯将挂衣区精简重置，将原本叠放的衣物直立存放，在方便取放的同时为卧室腾出大量空间，让家中的"呼吸感"无处不在。

　　引领式整理结束后，优化和流通的工作又持续了 6 周。经过粗略计算，在这一期间扔掉的物品约占物品总量的 40%。舍弃这么多物品并不容易，但随着物品的减少，小嘎的纠结、迟疑消失了。她说重新认识了 36 岁的自己，在探索适合自己活法的过程中逐渐学会悦纳自己，不再活成别人期待的模样，在自己的能力范围内创造出有序、舒适的空间，和自己喜欢的物品在一起，一个人也能过上更好的生活。整理去除了她的冗余物品和心头牵绊，重新激发了她的生活热情和创造力，从此轻装前行。清简的生活给了她更多的时间和空间，让她去体验、去经历，全力追求热爱的事物，获得满足和喜悦，实现心灵的自由。

回访那天，小嘎得意地打开饮品柜，让大宇团队挑选自己喜欢的茶或咖啡，茶点装在芬兰国宝级品牌 Arabia 的餐具里，看起来格外可口。

小嘎的饮品柜一角　　　　　　　　　　　在整理后的舒服空间享受悠闲的下午茶

05　从疲惫凌乱的家到身心放松之地

莫小姐平时业务繁忙，工作压力大，每天晚上拖着疲惫的身躯回到家，看着凌乱的屋子，内心很焦虑，但又不想收拾，时间长了，身心都得不到放松。她尝试过寻找一个环境好又清净的场所去放松和休息，短暂地避开烦琐的工作，但苦寻无果。于是，她找到规划整理师熊为，想把自己的家好好整理一下，打造成能够恢复身心能量的地方。

熊为来到莫小姐家时，发现她的房子不大，物品也不是特别多，看起来与大多数家庭一样充满生活气息，处于一种再正常不过的稍显凌乱的状态。

经过坐下来面对面咨询，熊为了解到莫小姐是一个人居住，除了睡觉，其他时间都投入在创业上，对她来说，打造高效的生活方式和放松的家居环境特别重要。因此，熊为为她制定了个性化整理方案：一是筛选不需要的物品，减少需要管理和维护的物品数量；二是根据使用习惯和生活动线调整物品的摆放位置，实现方便取用、随手归位，从而提高生活效率。

熊为和莫小姐的整理行动从筛选衣服开始，原则是只留下喜欢、有合适场合穿的衣服。

当莫小姐拿起一件价值几千元却一直没有穿过的衣服纠结要不要舍弃时，熊为问她："是因为价格贵，所以舍不得淘汰吗？"

莫小姐回答："是啊，这么好看又有个性的衣服，以后应该还会穿吧！"

经过筛选，决定淘汰的衣服多达 100 余件

莫小姐正在认真地筛选衣服

整理前，衣物堆叠在一起，需要花很长时间才能找到要穿的衣物

整理后，收纳盒里只装冬季衣物，换季时再集中取出即可

整理后，衣柜里的当季衣物一目了然，容易拿取、归位

熊为追问："你打算在以后的哪个场合穿它呢？"

莫小姐兴奋地回答："以后去沙漠越野时可以穿啊，多帅气！"

熊为："你打算什么时候去沙漠越野啊？"

莫小姐想了一下说："现在我处于创业阶段，工作那么忙，每天事情那么多，哪有时间去沙漠越野啊……"

熊为的问题瞬间打破了莫小姐的幻想，将她拉回了现实。随后，她果断地淘汰了这件衣服，并对熊为说："你说得对！不管买的时候多贵，只要不穿就没有价值。继续留着它，不仅占用衣柜空间，还要浪费很多时间去打理它，一到换季就要搬进搬出，太费力了。"接下来的筛选进行得很顺利，整理速度越来越快，到最后淘汰了100多件衣服。

紧接着，熊为和莫小姐一起对鞋子、护肤品、书籍、杂物等物品进行了筛选和整理。为了让莫小姐能够快速找到物品，并且轻松维持整理效果，熊为建议她把使用频率

整理前，客厅堆满了杂物

整理后，客厅清爽有序

高的物品放在最为顺手的区域，这样用完以后就能随手归位。

整理结束后，看着整洁有序的家和每一个清爽的角落，莫小姐长长地吁了一口气："这种感觉真好，瞬间觉得整个人都轻松了！"

过了一段时间，莫小姐向熊为反馈整理效果：早上再也不用花时间寻找和搭配衣服，晚上回家再也不用花时间叠衣服、收拾散落的杂物，整个人的心情变好了，工作状态也轻松了很多，感觉自己拥有的时间更多了，对生活更有掌控力了。

钱锺书说："人生不过是居家，出门，又回家。我们一切的情感、理智和意志上的追求或企图，不过是灵魂上的思乡病。想找一个人、一件事、一处地位，容许我们的身心在这茫茫世界里有个安顿的归宿。"

整理，让疲惫凌乱的家成为身心放松之地。

06　畅快人生从整理开始

规划整理师大茶接到的第一个上门整理委托是衣橱整理，因为在整理过程中客户 W 对待物品的态度发生了有趣的转变，她对这个整理案例印象深刻。

W 是一个家具品牌的福建区域负责人，家里每一处都展现着她的家居审美。一般家庭拥有一个超大衣橱已经非常难得，而 W 拥有两个又大又美的衣橱——主卧内的全白平开门超大衣橱、主卧外与客厅连通处的玻璃推拉门衣橱，此外还有一个放置在梳妆台旁边的开放式衣物收纳架。

如此充足的衣物收纳空间想必能够得到很多女性居住者的羡慕，那么，对居住者 W

1
—
2

1　主卧内的全白平开门超大衣橱

2　主卧外宽敞的玻璃推拉门衣橱

来说究竟产生了什么困扰呢?

当大茶打开衣橱后,困扰着 W 的问题就像横七竖八的衣物一样,横冲直撞地出现在她的眼前。

大茶引导 W 像对朋友诉说那样慢慢地倾诉她在衣橱使用过程中遇到的所有问题。"有一件衣服我总是找不到""拿衣服时我总是得两头跑""有很多服装设计师朋友送的衣服我都不会打理"……最后一句"我其实不想扔掉任何衣服",虽然很小声,但仍直接钻进了大茶的耳朵里。

由于深刻明白居住者的价值观就是重塑"家之观"的关键,大茶决定尊重 W,引导她在整理过程中自然而然地找到答案。

在正式整理时,W 和大茶一起动手,先将两个衣橱的衣物集中摆放在已经铺好防尘布的主卧大床上,然后对衣物进行分类,让"失散"在各处的同类衣物重新相聚。

进入筛选衣物环节时,在听到大茶说"现在我们开始对你当下喜欢、未来也会继续陪伴着你的衣物进行良好的收纳吧"之后,W 忽然想通了,从之前"不愿意扔掉任何衣服"的执着中走了出来,决定对一些真的不会再穿的衣物进行取舍。她坐在飘窗上,认真地看着那些好几年都没见到的 T 恤和哺乳期衣物……然后,她在 6 个大塑料袋里装满了决定要流通出去的衣物。

大茶和 W 聊起来才知道,W 的母亲从她记事起就总是在不问她意见、不经她同意的情况下扔掉她珍视的物品,导致她对扔物品这件事情非常排斥。不过,在筛选集中摆放的所有衣物时,除了衣物总数远远超出自己能接受的数量之外,"陪伴"一词也打动了她,她决定认真筛选、更加珍惜那些真正值得陪着自己到未来的衣物。

在进行衣物收纳时,考虑到 W 在提前测试中的惯用脑型是右右脑,喜欢以可视化的方式"一步到位"地取放物品,大茶将当季衣物全部集中到玻璃衣橱中进行悬挂,并将

整理前，玻璃衣橱里的衣物仿佛刚打完架般乱糟糟

整理后，玻璃衣橱里的当季衣物有序悬挂，小件家居衣物则被装入金属镂空收纳筐放在衣橱下方空间

清空衣物后的玻璃衣橱恢复了原有的美貌

W 在筛选时忽然决定流通出去的 6 袋衣物

整理前，开放式衣物收纳架上随意堆放着衣物

整理后，开放式衣物收纳架变身次净衣物收纳区

小件家居衣物放入金属镂空收纳筐（比起塑料元素，金属元素更适合这个有着独特审美基调的家），让 W 对自己的衣物一目了然，从而方便日常取放。

全白平开门超大衣橱主要用于收纳换季衣物，而且从衣橱内部布局来看，只需利用中间的"黄金区域"，就足够收纳所有的换季衣物。

放置在梳妆台旁边的开放式衣物收纳架则完美承担了次净衣物收纳区的角色。

衣橱整理完毕，大茶用除尘滚轮和毛球机为 W 做衣物护理。这时，W 主动和大茶分享了衣橱最上方大铁盒里藏着的秘密。

原来，W 坚持要放在衣橱上方的大铁盒就是一个"月光宝盒"，里面放着她从出生到大学期间的一些具有纪念意义的玩具和很多她笑着被拍下的照片。

W 随手拿起一张照片放在脸旁，笑容仍和照片里一样灿烂。看着整洁有序的衣橱和

整理前，全白衣橱里胡乱堆放着衣物

整理后，全白衣橱不仅整洁有序，而且留有空间

贴在衣物收纳盒上
的分类标签

W 灿烂的笑容，大茶觉得"让喜欢的事有价值"的愿望真的实现了。

整理结束后，大茶根据整理过程中的问题和 W 的整理习惯制作了一份衣橱维护建议方案发给了 W。一段时间过后，大茶问起 W 的衣橱维持状态，她说："好得连我妈妈都惊呆了！"

看来，真正畅快的人生，的确从整理开始。

07　即使不完美，整理也能带你离理想的家更近

家到底是什么？

大美在打电话找规划整理师之前，已经对这个问题思考了无数遍。她脑海中的家是掺着绿植、铁艺、原宿感的 Ins 风时尚装修和面积可观的收纳空间。

少年时，大美和家人远渡重洋到国外。那时，家对大美来说，是阴冷的半地下室，是地板倾斜的老屋，是远在故乡的那间三居室。

现在，大美可以自己选择住在哪里、怎么居住，但她说自己依然

大美曾经的 Ins 风客厅，她曾在朋友圈说："Ins 风倒是有了……但客厅没了……"

因家人需要不停往返国内外而铺放在地上的行李箱

是一个还在竭力弄明白家是什么的"找家人"。

在规划整理师柘良君上门咨询时，大美一边嘟囔着对这个家的不满："从我小时候起，家人就很忙，我不是在外婆家就是在邻居家。我家总是乱糟糟的，我完全没有回家的欲望，家就只是一个睡觉的地方。在家人移民海外后，这么多年来，我家更像酒店，储物间里全是经常跟飞的行李箱和归置不清的杂物，理也理不出个头绪。"一边给柘良君看她手机里符合自己期望的美好家居照片："我希望灶台的操作台面整洁，便于烘焙甜点；希望客厅拥有不再被小小皮的玩具侵占的整洁空间；希望能带着小小皮在满是植物的阳台上做游戏、看小画书……"

在整个咨询过程中，大美一直笑得很甜，小小的酒窝给人以温暖的感觉。在与这位新晋宝妈的交流中，柘良君感受到她对生活现状的愤愤不平、抱怨推诿并不太多，更多的是对理想生活的执着追求——因为身份转换成小小皮的妈妈，她急需将这种执着追求转为实质生活，这就是她请柘良君上门整理的初衷。

上门咨询后的那段时间里，大美经常与柘良君聊微信到深夜，一起讨论要买的收纳盒、收纳架，需要改造的空间尺寸，物品的材质、质量和摆放位置……经过沟通，柘良君越来越明白大美对这次整理的期待是什么。大美就是这样的人：在喊着早就习惯现有生活的同时，又无比向往杂志上的精致生活，并愿意为此努力尝试，哪怕只能短暂拥有。

不过，有一个难题摆在了柘良君的面前：由于大美家是一个充满不确定性的居住环境，家里的居住者处于长期流动状态，协调每个居住者的生活习惯是很难实现的，复乱成为一个不可避免的问题。

柘良君就此问题与大美沟通了很多次，但大美依然决定以自己为主导来执行本次整理，她说无论如何也要先亲眼看看一个整洁有序的家是什么样子。于是，一套专属整理计划逐步成型。

5月，劳动的季节！那天，柘良君和助手带着前期与大美商定好的方案开始了本次整理。很快，三人在装满老照片的箱子里找到了用破旧塑料袋裹起来的人民币，在客厅各个角落里找出了与玩具混杂在一起的打火机，在储物间凑齐了做私房甜点的各类工具和花艺课资料，在老旧书刊中找到了15年前的大头贴……

在整理的过程中，柘良君陪着大美在房子的各个角落找到了与家人的点滴回忆。"操作台是老爸在出国前亲手制作的，只因我想成为私房点心师；琴叶榕是老妈上次回国时，听说我喜欢特意去买的……"

大美不由得感慨，以前自己对家的印象就只是环境乱糟糟的，总觉得自己家要空间没空间、要风格没风格，别人家千般美好而自己家万般不是，现在看来，自己从没真正注视过自己生活的空间，没想到在杂乱的背后居然藏着那么多家人努力生活的印记，没想到繁忙的老爸、老妈也在不经意间为自己梦想中的家努力着。

整理前，储物间总是因为家人的频繁流动而变得一团乱

最终，大美决定处理掉老爸为她制作的操作台，将位置空出来收纳小小皮需要用到的小家电；把用不到的烘焙用具转赠给好友；丢掉再也用不到的花艺课资料……

历时一整天的整理也让柘良君意识到，在整理开始前，整理师是主导，需要告诉客户四项取舍、俯瞰统筹、直立收纳等原则和方法……可整理开始后，客户才是主角，他们在整理物品的同时做着人生整理，在判断物品的去留时与现有生活进行谈判，最终看懂什么样的生活才是自己真正需要的。

整理结束后的第二天，大美发微信询问柘良君衣物分类的方式方法，说她要带着外婆整理老爸、老妈留在国内的衣物，不仅要分类直立叠放，还要进行分区收纳，让老爸、老妈能够更好地管理各自的衣物。

整理后，储物间整洁有序

半个月后，大美在群里发了一张照片，那是她自己整理的生活阳台。她告诉柘良君，虽然自己整理的阳台看上去变化不大，也没有达到自己想要的外观，但是自己感觉超级开心，因为这个生活阳台让现阶段的自己用起来很顺手。她说自己的下一个整理目标是厨房和餐厅。没多久，她果然发来了自己整理的厨房和餐厅照片。

一个月后，大美又在群里发了一张照片求夸奖，那是她日常维护的客厅整理效果，虽然一些细节已经与当时的整理效果不同，但看得出来她维持得很棒。她说她已经习惯在家人睡觉后，一边和朋友闲聊，一边将小小皮弄乱的玩具归位，这样第二天一起来就能看到整洁的客厅，一天的心情也会变得美丽起来。

不过，在整理之后的两个月内，大美从未在群里发过一张储物间的照片。猜测到大美是因为复乱而不好意思发照片，柘良君告诉她，当一个空间能很好地缓解在外漂泊的家人的疲惫时，谁会在乎那个空间是不是又变混乱呢？毕竟，能用、好用、用好，才是整理的初衷呀！

整理前，客厅物品又多又杂

对客厅里的物品进行俯瞰、分类和筛选

整理后，客厅宽敞整洁

整理前，阳台被物品堆得几乎"无路可走"

大美整理的阳台虽然变化不大，但至少有了下脚空间

整理厨房时，大美选用了与厨房风格一致的抽屉
式收纳盒

大美带着外婆为远在国外的父母整理衣物

后来，大美在与柘良君聊天时说她释怀了，那些自己认为的别人家的美好不一定适合自己家，她不再期待自己家是 Ins 上的精美照片，她已经明白理想的家就是一个个鲜活的生活瞬间，就是家人一起努力生活的地方，虽然储藏室最后还是复乱了，但不会乱的是生活的"序"。

世间万物有自己的生存规律，千家房屋也有自己的"良屋之序"。大美说她仍在认真地寻找着自己的整理之序，她还邀约柘良君在疫情结束后到她国外的家进行规划整理，她说那个家也需要找到属于自己的"序"……

PART 2 规划整理满足全家人的需求

除了个人客户，家庭客户也是规划整理师的主要客户群体。虽然预约规划整理师做上门整理的经常是一个人，但是整理内容往往涉及全家人的需求。

进行全屋整理时，每个居住者的价值观都需要得到尊重、各类物品都需要进行整理和收纳。相比其他整理方法，规划整理的优势在服务家庭时体现得淋漓尽致，能够让不同类型的家庭都获得满意的整理效果。

01 二人世界里也有自由空间

夫妻在一起生活多年却拥有完全不同的收纳习惯，这背后将擦出怎样的火花呢？

苏先生、牛女士是一对"90后"夫妻，为了方便进行物品收纳，他们在入住前决定参照日式 MUJI 风进行房屋设计。可惜的是，刚入住时房屋呈现的良好状态并没有持续多久——随着事业的发展，两人的整理时间越来越少，随手放置物品成为常态——物品越来越散乱，心情也越来越容易烦躁。

为了找回理想中家的样子，苏先生找来规划整理师蒋玥进行全屋整理。说实话，由于苏先生一直强调整个房子都存在收纳困难，蒋玥原以为会看到物品成堆的"before图"，但实际情况远没有预想的复杂。

从外人的角度来看，苏先生和牛女士家的物品并不多，储物空间基本够用，那么究竟是什么原因使得夫妻二人对现状如此不满意呢？蒋玥想若不是物品和空间的问题，那就应该是人的问题了。

随着咨询沟通的推进，蒋玥了解到苏先生的惯用脑型是左右脑，容易忘记看不见的物品，对他来说，采用物品可见的收纳方式比较友好；牛女士的惯用脑型是左左脑，不太喜欢把物品摆在外面，对她来说，风格统一且相对隐蔽的收纳方式比较合适。

现实也的确如此，夫妻二人的收纳风格出现了巨大的差异——由于平时负责家中整理工作的是牛女士，家中的共用物品一旦被她收起来，苏先生就会找不到，而一些被苏先生翻出来使用的物品就直接摆在了外面，视线所及的杂乱感又让牛女士感到不舒服。

为了照顾夫妻二人不同的收纳需求，蒋玥在制定整理方案时决定"因人制宜"——在两人各自的专属区域按照个人的习惯和喜好来收纳物品，公共区域则由两人商定一个彼此都觉得合适的收纳方式。

首先，对牛女士的专属区域进行规划整理。

牛女士对衣物整理比较头疼，她购置了许多抽屉式收纳盒，觉得不仅能装下很多衣服，而且看起来不那么杂乱，但由于有的抽屉式收纳盒超过了脖子的高度，取放不太方便；一旁被闲置的悬挂区只零零星星地挂了几件衣服，其余衣服则都堆放在层板处。

蒋玥在咨询中发现，虽然牛女士喜欢隐藏式收纳，但这种操作需要花费大量时间和精力来专门叠放衣服，这对平时工作忙碌的牛女士来说显然成了一种负担，那些堆放在层板处的衣服就是最好的证明。

为了解决牛女士的这一烦恼，蒋玥重新规划出"有藏有露"的衣橱空间。"藏"是指将不常穿的衣物和贴身衣物放进抽屉式收纳盒中，"露"是指用统一的衣架将当季的、常穿的上衣和下装悬挂起来，常用的毛巾则取代抽屉式收纳盒放在了叠放区的最高层。

整理前，主卧牛女士衣橱中的叠放区被收纳盒塞得满满当当，而悬挂区的空置率过高

整理后，牛女士衣橱中的悬挂区和叠放区各尽其能

整理前，主卧苏先生衣橱里的衣物数量适中，衣橱上方还有闲置空间

整理后，苏先生衣橱的全部衣裤都被悬挂起来，左侧悬挂区由短到长排列牛女士的裙装，增加了下方可利用空间

整理前，饭厅散落着随手放置的各种物品

整理后，饭厅没有了杂物，瞬间有了"气质"

这样一来，衣橱的便利性大大增加，取放衣物的时间大大减少，重要的是牛女士再也不用忍受折叠和堆积衣物的烦恼了！

除了吃饭时间之外，饭厅是牛女士的专属区域，经常要在此处工作。由于饭厅里摆满了许多零碎的小物件，左左脑的牛女士无法集中精力工作，蒋玥在鞋柜上方添置了小型抽屉柜，用来分类收纳零碎小物件和使用频率高的办公用品，并将体积比较大且使用频率不高的打印机放在了侧面的储物柜里。如此一来，饭厅立刻变得整洁有序，工作时，只要一转身就能拿到要用的办公用品；吃饭时，再一转身便能将办公用品收好。

其次，对苏先生的专属区域进行规划整理。

厨房是爱做饭的苏先生的主场。根据他对厨房物品的描述，蒋玥发现厨房收纳已经

整理前，厨房台面上堆放着各种厨具，抽屉也被塞得满满当当

整理后，厨房抽屉用收纳盒进行分区收纳，打开柜门是满满的烟火气，关上柜门是理想中的精简模样

整理前，厨房吊柜内部没有明确的分区，塞满了各种调料

整理后，厨房吊柜的上层和中层分别收纳不常用的调料、干货、客用玻璃杯，下层收纳常用的调料和拌饭酱，中间区域则成为物品中转站

落实了他的物品摆放逻辑，但让他困扰的恰恰是被柜门关起来的物品——他觉得柜体内部的物品收纳方式不合理，寻找和取放物品时非常不方便。

其实，对于惯用脑型是左右脑的人来说，不能一眼看到的物品基本就找不到了。因此，在不改变原有物品摆放逻辑的前提下，蒋玥将厨房柜体内部的收纳方式进行了调整，采用直立法收纳阻挡视线的物品，让物品分布变得清晰可见，取放也更加顺手。

最后，对公共区域进行规划整理。

由于特别喜欢清爽的 MUJI 风格，苏先生愿意"让步"配合，尝试将公共区域的共用物品"藏起来"。

客厅整理几乎是苏先生一个人完成的，他将常吃的零食摆在了茶几的显眼位置，其他小物品则放入与茶几颜色相近的收纳筐里，大大降低了杂乱物品的存在感。

阳台洗衣区里的物品不多，只用一个开放式收纳架就能收纳各种洗涤用品，还能晾晒洗好的小件衣物，既满足生活需求，又不妨碍阳台美观。

整理前，客厅的沙发、茶几上散落着各种杂物

整理后，客厅大大降低了杂乱物品的存在感

整理前，阳台洗衣区堆满杂物　　　　　　　　　　　整理后，阳台洗衣区整洁清爽

　　当夫妻的收纳习惯不同时，不要急于认定对方懒惰和不会收拾，毕竟在不同环境中长大的两个人对生活细节的要求不同，在整理时的收纳标准也不同。

　　规划整理是关注每个人的特点，找出适合每个人的不一样的标准和方法，并以此为基础来进行"专属定制"的整理收纳方法。通过规划整理，苏先生和牛女士不仅在专属区域找到了适合各自的收纳方式，还在公共区域找到了让两人都舒服的平衡点。

　　苏先生和牛女士感慨道："房子整洁后，心情都不一样了。之前感觉就是凑合着住，现在觉得这才是家！"蒋玥笑了："这就是整理的初衷——让自己过上想要的生活！"

02 男主人也需要一个衣橱空间

衣帽间要多大才能满足所有家人的需求呢？

这一天，规划整理师张鲸鱼接到了毛女士的求助："衣帽间快把我逼疯了！我收拾了很多次，但每次效果都不好，总觉得不够装！"

经过实地查看，张鲸鱼发现毛女士家的衣帽间并不小，分为中间挂衣区和两侧隔板区，足以满足衣物收纳需要。不过，毛女士将右侧隔板区塞满了大大小小、形状各异的收纳箱、收纳盒，显得极其凌乱；左侧隔板区则是或折叠平放或放在小袋中的衣服，取放极不方便。

"目前这个衣帽间主要是谁使用？"

"衣帽间最让你困扰的是什么呢？"

"衣帽间里有很多收纳盒，里面放了什么物品？"

整理前，衣帽间极其凌乱

在咨询过程中，张鲸鱼引导毛女士畅聊究竟想要什么样的衣帽间、想要它具备什么功能效果，并让她尽情地在脑海中回放和完善想要的衣帽间画面。

经过沟通，张鲸鱼了解到毛女士一家有五口人，毛女士的妈妈在次卧有自己的独立衣橱，毛女士的两个女儿共用一个儿童房小衣橱，衣帽间主要是毛女士和先生使用，但没有打造出明确的分区，里面不仅有毛女士和先生的衣服，而且有两个女儿的公主裙（占用了挂衣区的一半）、非当季鞋子、被子，甚至有除湿机等家居用品。

令人意外的是，毛女士的先生的衣服居然只挂了四五个衣架，其余全被分散堆在收纳盒里。毛女士说先生也曾委屈过："老婆，我在家里连个忙工作的地方都没有啊！"看来，这个家的男主人不仅没有工作空间，就连一个独立的衣橱空间都没有啊！

在制定整理方案时，张鲸鱼根据毛女士和先生的需求、身高、使用习惯等，将衣帽间重新进行了分区定位，不仅留出了男主人的专属衣橱空间，还划分出专门存放非当季衣服、鞋子、被子的空间，每个区域功能清晰、一目了然，便于寻找和取放衣物。

整理后，衣帽间的挂衣区得到了有效利用

整理前，衣帽间左侧隔板区的衣服平铺叠放着，取放极不方便

整理后，衣帽间左侧隔板区采用直立收纳法摆放衣服和包

　　在整理过程中，由于衣帽间的衣服总量并不太多，分类过程比较顺利：先根据穿衣人进行大类区分，将两个女儿的衣服放回儿童房小衣橱里，再按照使用频率从高到低进行二次分类。

　　在收纳时，将左侧挂衣区打造为毛女士的先生的专属空间，衣架统一用黑色，毛女

整理前，儿童房小衣橱的衣架摆放毫无规律

整理后，两个女儿以衣架颜色为分类依据来挂衣服

士的长款衣服则挂在右侧挂衣区，衣架统一用白色；在隔板区中间区域采用直立收纳法摆放衣服和包，下层则放置常用的家居用品，其余位置就暂时空着，打造衣橱能够"畅快呼吸"的轻松感。

看着整洁有序的衣帽间，毛女士说："以前我总以为是衣服太多才导致衣帽间杂乱，现在我才知道是因为整理方法不对！"

衣帽间整理结束后，毛女士带着两个女儿按照同样的思路整理了儿童房小衣橱。从俯瞰、分类到取舍、摆放，两个女儿全程参与，收获满满。

在日常家居生活中，很多人的注意力都放在"物品"上，反而忽视了最重要的"人"。其实，生活在同一个屋檐下，每个居住者都应当得到关注和尊重，每次整理都应该围绕"人"来进行。

整理，是一段充满彩蛋的旅途，也是一个享受生活和感受人生的过程。经过规划整理而充满爱和幸福的家，每个人都值得拥有！

03　在三代同堂的家里，让收纳跟着人走

张女士的整理困扰出现在儿子出生后。与大部分有了孩子的家庭一样，张女士家不是从二人世界升级为三口之家，而是变成了三代同堂——儿子出生后，帮忙照顾孩子的张妈妈和保姆都到家里住了。由 2 个人到 5 个人，随之而来的物品激增让张女士家的收纳空间变得非常紧张。

与大部分人的想法一样，张女士以为收纳空间不足是因为房子不够大，也曾动过换房子的念头。不过，规划整理师丹娅的到来从根本上解决了这一问题。

整理前，主卧衣帽间被衣物塞得满满当当

整理后，主卧衣帽间的悬挂区和叠放区各司其职

用来进行细致分类的抽屉式收纳盒

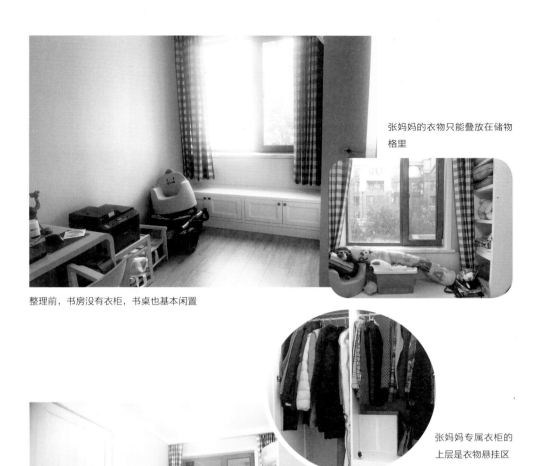

张妈妈的衣物只能叠放在储物格里

整理前，书房没有衣柜，书桌也基本闲置

张妈妈专属衣柜的上层是衣物悬挂区

整理后，书房的书桌被挪走，添置了白色衣柜作为张妈妈的专属衣柜

张妈妈专属衣柜的下层是衣物叠放区

整理前，次卧通顶衣柜混杂放着
张妈妈、张女士的儿子和保姆的
衣物

整理后，次卧通顶衣柜左右两侧
分别收纳张女士的儿子和保姆的
衣物，一直在阳台积灰的行李箱
则被放到左侧衣柜的下方空间

　　张女士的家是 140 ㎡ 的三室二厅二卫。主卧有一个衣帽间，次卧有一个通顶衣柜，而张妈妈居住的书房没有衣柜。

　　经过实地查看，丹娅发现张女士一家 5 个人的衣物混杂在一起，尤其是张妈妈的衣物因为没有专属衣柜而分散收纳在次卧衣柜和书房储物格里；儿子的衣物因为没有合适尺寸的衣架而全都堆叠在一起，找一件衣服不仅要翻好久，而且特别容易"倒"和"乱"。

在咨询过程中，丹娅发现从事行政工作的张女士其实非常了解家里存在的整理问题。"这两年我妈帮我们照顾孩子，她一直住在书房，但她的衣服总是没地方放。""我经常扔衣服，虽然现在的衣服数量不太多，但我就是不知道怎么分类，也不会买收纳用品。"

经过沟通，丹娅明白秩序井然、空无一物是张女士最想要的整理效果。客户想要的－客户的问题＝解决方案。丹娅建议张女士这样做：首先，解决张妈妈的衣物收纳问题，在书房里添置衣柜；其次，将现有的衣柜按人分区，各归各位；再次，购买适合的收纳用品，比如儿童衣架；最后，将衣物都收起来，呈现外部空无一物的效果。

那么，书房是否有空间添置衣柜呢？

当时看来是不行的，因为书房的空间已经完全被书桌、椅子、床、书柜占用。

"您需要在书房工作、学习吗？"

"晚上您的妈妈需要休息，那您还能使用书房吗？"

"您可以在主卧工作、学习吗？"

……

丹娅的几个问题帮助张女士梳理了思路。

的确，在张妈妈照顾孩子的这几年里，书房的功能已经弱化了——为了让张妈妈得到良好的休息，张女士到书房长时间工作、学习的次数减少了，但她依然有在独立空间工作、学习的需求。

鉴于此，丹娅建议张女士将书房里的书桌和椅子搬进宽敞的主卧，在书房空出的位置上添置衣柜。这样一来，张妈妈有了自己的专属衣柜，张女士可以在儿子睡后回到主卧专注地工作、学习，而且不用担心打扰张妈妈休息。真是一举三得！

在对次卧衣物进行取舍的过程中，本就喜欢扔物品的张女士果断地舍弃了很多儿子小时候的衣物，不常用还占地方的枕头、被褥，丹娅建议将释放出来的衣柜下方空间用来放置一直在阳台积灰且有碍观瞻的行李箱，实现"行李跟着衣服走"，使打包行李变得更轻松、动线更短，而阳台释放出来的空间就用来收纳散在各处的吸尘器、挂烫机、晾晒衣架，既实现从晾晒到熨烫的零动线，又形成一个集中的家务角。

分区收纳家里 5 个人的衣物时，丹娅强调一定要遵循"收纳跟着人走"的原则——谁的衣服跟着谁走：张妈妈的衣物集中收纳到书房专属衣柜里，张女士夫妻二人的衣物集中收纳到主卧衣帽间里，张女士的儿子和保姆的衣服集中收纳到次卧通顶衣柜里；在共用的衣帽间和衣柜中，每个人的衣物经集中收纳后用柜内隔板、收纳盒来划分"领地"，互不影响。

在分类的过程中，丹娅用抽屉式收纳盒为张女士家 5 个人的衣物进行了细致分类，分为牛仔裤盒、旅行用品盒、化妆品储备盒等。丹娅建议张女士使用超薄衣挂，将更多衣服挂起来；为儿子购买儿童衣挂，将次卧通体衣柜的悬挂区利用起来，不再像之前那

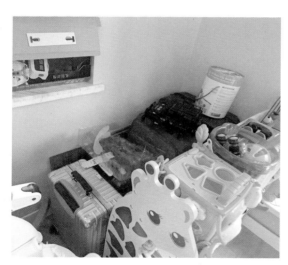

整理前，阳台被行李箱和玩具塞满

整理后，阳台变身家务角

生活发生变化后，张女士
的儿子的衣物跟着小主人
搬进主卧

样胡乱堆叠在一起。

整理完毕，张女士激动地对丹娅说："我不用换房子了，这里已经是我想要的家的模样！"

更让丹娅开心的是，16个月后的某天，张女士给她发来信息："我昨天做整理了！因为孩子搬到主卧住，我把书房衣柜挪到主卧、书桌移回书房，让收纳跟着人走！"

原来，张女士的生活又有了变化，儿子不再需要张妈妈和保姆照顾，已经搬到主卧和张女士夫妻一起住，那么儿子的衣服怎么办呢？张女士将"收纳跟着人走"的方法活学活用，让儿子的衣物跟着儿子走：第一步，将张妈妈的衣柜从书房搬到主卧，用来收纳儿子的衣物；第二步，将书桌、椅子搬回书房，恢复书房的功能；第三步，将次卧打造成客房，次卧通顶衣柜留出衣物收纳空间，方便以后张妈妈或其他家人小住。

生活在变化，整理却能够以不变的原则——"收纳跟着人走"应万变。

PART 3　规划整理带来家庭界限与尊重包容

多人生活在一起，首先就会遇到"界限"问题。

有没有各人专属的房间？收纳空间怎么划分？共同使用的地方怎么整理？二娃共用儿童房时如何保证各有空间？擅长整理的人和不擅长整理的人住在一起时如何维持平衡？……

每个人的喜好和习惯不同，如果彼此评判，整理就会做不下去。

规划整理尊重每个居住者的价值观、思维特点和行为习惯，不仅能够建立一个有界限的家，还能带来更多包容与支持。

规划整理之道，正是智慧之道、尊重之道。

01　弟弟再也不用到哥哥的"地盘"找玩具了

"妈妈，可以让弟弟把他的玩具从我的学习桌上拿走吗？"

"妈妈，弟弟又把我的铅笔刀放到哪里了？"

……

在向整理汇团队的规划整理师讲述 8 岁大儿子控诉 4 岁弟弟"捣乱"时，胡女士满脸无奈。

整理前，儿童房虽然有明确的收纳分
区，但完全没有考虑兄弟俩不同的整
理需求和使用习惯

整理后，学习区和玩具区泾
渭分明，兄弟俩互不干扰

整理后，儿童房虽然没有大的布局改变，但每类物品都根据兄弟俩的需求和习惯进行了
重新定位，方便他们管理各自的物品

乍一看，兄弟俩共用的儿童房还算整齐有序，绘本、课本、玩具、文具等物品都有明确的收纳分区和相应的收纳用品，那么问题出在哪里呢？

在咨询过程中，整理汇团队的规划整理师发现，虽然胡女士设置了不同的功能空间并配置了收纳用品，但完全没有考虑兄弟俩不同的整理需求和使用习惯：阅读区的书架前放着杂物和童车，绘本放在了成人而非儿童的"收纳黄金区域"，导致弟弟取放绘本十分不便，总要大声呼唤妈妈来帮忙；玩具柜挨着学习桌，哥哥学习时，弟弟在一旁找玩具或者玩耍都会影响哥哥的学习效率；玩具柜中的几个收纳筐没有进行明确分类，弟弟不知道应该将玩完的玩具放到什么地方，只好随意丢进一个收纳筐中，下次想玩的时候就得一顿翻找，而且哥哥的文具经常因为被弟弟当作玩具到处乱放而找不到……

由于儿童房一直由胡女士打理，兄弟俩想找什么物品都要问她，她对此感到很苦恼。一方面，她希望兄弟俩能各自管理好自己的物品；另一方面，她希望兄弟俩能互不影响地学习、玩耍。

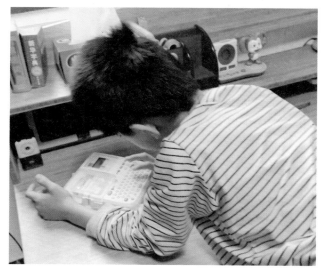

哥哥正在为分好类的物品打印标签

整理前，阳台上散落着弟弟的各类玩具，不仅占据大量空间，而且不方便取放

整理后，阳台玩具区既释放了空间又便于取放

掌握这些情况以后，整理汇团队通过俯瞰整个家、了解兄弟俩的喜好与习惯，对儿童房进行了规划整理。

整理后，儿童房的布局没有太大改变，但每类物品都有了新的定位：在规划整理师的引导下，哥哥不仅将学习区的物品进行了分类定位和合理收纳，还自行打印好标签粘贴在收纳盒上；根据兄弟俩的不同身高来摆放阅读区的书籍，书架高处是哥哥的课本、低处是弟弟的绘本，保证兄弟俩能轻松、独立地完成对书籍的取放；原来的玩具柜被用来收纳文具和手工类玩具，书架旁边的小桌子则被设定为弟弟的阅读、玩耍桌。

如此一来，儿童房的分区变得清晰，因为物有其位、位有所属，弟弟再也不用跑到哥哥的"地盘"找玩具，更不会拿着物品不知道要放到哪里。

原来摆放在儿童房中的户外玩具、电动玩具以及分散在其他房间里的玩具被集中收纳在阳台上，方便弟弟自行取放。由于阳台与客厅相通，弟弟的游戏空间更为开阔，而且方便弟弟与妈妈交流，最重要的是不会影响哥哥学习。

胡女士感慨道:"这次儿童房整理终于把我家的'老大难'问题解决了! 哥哥写作业,弟弟玩玩具,兄弟俩再也不会互相打扰,我的耳边再也没有'妈妈帮我找'的呼唤,我们各自的世界都清爽了!"

02　共用房间的姐妹俩不再为找不到物品而争吵

规划整理师美玲对刘女士的第一印象是:一位名副其实的超人妈妈。刘女士有两个女儿、一个儿子,姐姐 10 岁、妹妹 8 岁、弟弟 6 岁,都是需要陪伴与教导的年纪。在上门咨询的时候,美玲发现刘女士会把三姐弟每周的日程列成一个表,井井有条地管理孩子们的学习、生活作息。然而,这样的超人妈妈虽然能管理好孩子们的学习与生活,但是已无暇去整理孩子们日益增加的物品。

年龄相近的姐妹俩住在一个房间里,随着物品的增加,物品的归属越来越不清晰。姐妹房中物品最混乱的地方是书桌,由于物品数量太多且混乱摆放,姐妹俩经常因为找不到物品或争抢物品而发生争吵。

规划书桌时,美玲首先清晰地划分出姐妹俩各自的空间和需要她们共同管理的空间。在整理过程中,美玲让姐妹俩一起筛选物品,对明确属于各自的物品进行分类和取舍,并将共同使用的文具等物品进行集中分类和定位。

值得一提的是,由于全程参与了书桌整理——亲手筛选物品、掌握收纳逻辑,姐妹俩不再为了找不到物品或争抢物品而争吵。既有了自己的专属小天地,又能够和谐地共处一室,姐妹俩越来越喜欢一起待在儿童房里,无论是在书桌前学习,还是在房间里玩耍,她们都感受到了独处的舒适和陪伴的乐趣。

整理前，姐妹房的书桌上堆满物品，学习空间拥挤

在书桌前方墙上为姐妹俩各安装一块洞洞板，既可以增加收纳空间，又可以当作书桌分界线，防止姐妹俩因为过界而争吵

整理后，书桌一分为二，桌面两侧分别摆放姐妹俩各自的书籍，两侧抽屉柜里分别摆放姐妹俩各自的文具，中间的大抽屉则用来摆放共用物品

姐妹俩正在筛选文具

整理前，抽屉里的物品散乱无序

整理后，用收纳盒分区摆放姐妹俩喜欢、常用的文具，提高学习效率

其实，很多家庭矛盾都是由家里的物品或者空间没有界限导致的。如果属于不同居住者的物品和空间界限是清晰的，居住者就能主动管理自己的物品和空间，进而尊重界限、不干涉别人、维护家庭公共空间，家庭矛盾也就能减少许多。

03　夫妻互相尊重带来更多包容与支持

X 先生和 Y 女士发现家中的客厅总是太乱，整理了很多次都是不久又复乱，便决定请规划整理师轻松姐上门进行专业的整理。

上门咨询时，轻松姐发现 X 先生和 Y 女士的家中并没有堆积如山的物品，只是零碎

整理前，沙发上散落着各种杂物

整理后，沙发上只留下了 Y 女士喜爱的毛绒玩具，而且都被 X 先生放在了远离窗户的左侧

整理前，客厅角落一片混乱

整理后，Y 女士心爱的舞蹈杆、瑜伽垫和狗笼都放在靠窗的角落里，而 X 先生喜欢的电视机前一片清爽

的杂物比较多，主要问题在于夫妻二人都想按照自己的习惯和喜好来做整理收纳，不仅没有达成统一意见，而且各说各话、略有争执。

X 先生和 Y 女士的价值观和性格存在明显的差异：X 先生喜静，Y 女士喜动；X 先生理智，Y 女士感性；X 先生认真，Y 女士随意。两人的兴趣爱好也不一样：X 先生喜欢电子游戏，Y 女士喜欢舞蹈和瑜伽。两人对家里的泰迪犬的态度完全不同：X 先生习惯将狗关进笼子里放到阳台上，Y 女士喜欢让狗随意在家中跑来跑去。

经过惯用脑型测试，X 先生是左左脑，Y 女士是右右脑，在物品的分类和收纳方法上截然不同：X 先生喜欢细致分类，Y 女士只要大致分类即可；X 先生喜欢收起物品，Y 女士喜欢看见物品；X 先生注重物品的功能性，Y 女士重视直觉和感受。

整理前，为了明确 X 先生和 Y 女士的专属活动区域，轻松姐让他们分别划出自己最喜欢的客厅区域。这下，两人的喜好就清晰地展现出来：X 先生喜欢面对电视打游戏，而 Y 女士喜欢在靠窗的位置练习舞蹈和瑜伽。于是，轻松姐按照他们各自的生活习惯重新规划了客厅的收纳空间布局，将靠窗的区域分给了 Y 女士，靠近电视的区域则分给了 X 先生。

在整理过程中，由于客厅里的零碎杂物特别多，轻松姐先和 X 先生、Y 女士一起将所有物品集中起来俯瞰，再一件一件地确认是否保留或者搬出客厅。在筛选物品的过程中，夫妻二人虽然不时有些争执，但总体很顺利，因为每次出现不同声音时，轻松姐就提醒他们回想整理的目标——让客厅变得整洁有序，身处其中时能感到舒适放松。可见，即使没有找到统一的具体整理思路，但只要在整理目标上达成共识，整理也会很顺利。

在收纳过程中，按照规划整理方案，Y 女士喜欢的毛绒玩具、瑜伽垫、舞蹈杆等物品都应该放置在客厅的靠窗区域，但轻松姐担心毛绒玩具放在窗边容易积灰。Y 女士说自己一直不想将毛绒玩具收进柜子中或者采用送人、扔掉等断舍离方法，就是想常常看到它们，因为它们身上都承载着美好的回忆。没想到这时候，X 先生说："要不然将这些小可爱挪到我的地盘上，离窗户远点儿吧！"轻松姐和 Y 女士都有些惊讶，这样一来就会占用他的空间啊！可是 X 先生非常大度："没关系，影响不大！"还主动将毛绒玩具摆放在远离窗户的沙发左侧。

收纳 X 先生的电子游戏手柄、耳机等一大堆配件时，轻松姐和 X 先生试了很多地方都放不下。正在一筹莫展之时，Y 女士说："把电视机下面的 3 个抽屉腾出来放这些配件吧！"X 先生对这个提议非常满意，立刻动手将全部配件放了进去。

在商量泰迪犬的笼子放在哪里时，轻松姐和 X 先生、Y 女士讨论了很久、换了几个位置都觉得不够理想。最后，本来非常想将笼子放到阳台上的 X 先生做出了让步，对 Y 女士说："既然你喜欢看到它，就还是留在客厅里吧！"Y 女士开心地说："在你打游戏的时候，我一定让它进笼，保证不打扰你！"

整理完毕，客厅的每个角落不仅宽敞明亮，而且充满了夫妻之间的包容与支持。X

先生和 Y 女士送轻松姐出门时由衷地说："整理完客厅，心情立刻舒畅了，就像心灵得到了治愈。这种扔掉杂物、窗明几净的感觉特别好！"轻松姐觉得他们是被彼此给予的温暖治愈了——尊重对方的喜好，包容对方的习惯，愿意让出自己的专属空间放置对方喜欢的物品，让对方过得更舒服、更开心，从而赢得了对方的包容与支持。

在之后的回访中，X 先生和 Y 女士愉快地告诉轻松姐，客厅已经成为他们夫妻二人在家中最享受的地方了。

04　一家人找到了界限清晰且各自舒适的区域

李女士在微信上向整理汇团队的规划整理师诉说自己目前的困扰：一家四口住在 200 ㎡ 的房子里，每个人都有自己的独立房间，但每个人的房间里都随处放着其他家庭成员的物品，先生、上小学的女儿、读幼儿园的儿子找物品时总要问她，而她经常花费很多时间到处翻找也没能找到……她希望家人都能自主管理各自的物品，并能够在各自喜欢的区域做各自喜欢的事情。

咨询当日，整理汇团队的规划整理师一进入李女士家，映入眼帘的就是大大的客厅，不过地上堆满了杂物，还有很多没有开箱的包裹。

看完整个家，整理汇团队的规划整理师发现很多物品的定位没有界限：一家四口的家居服随意放置在 3 个卧室的衣帽间里，要穿的时候不仅需要到处寻找而且动线复杂；茶叶和保健品居然在餐边柜、橱柜、储藏间、衣帽间里都可以看到；李女士喜欢的精油在家里的各个空间展示着；儿子的玩具出现在很多区域……此外，一些空间的不合理利用让这间大房子的收纳空间显得非常局促。

整理前，玄关处堆满杂物

整理前，客厅一角堆满了各种玩具

整理后，客厅划分出玩具区

　　经过咨询，整理汇团队的规划整理师基本了解了李女士一家四口的生活习惯和行为动线，制定了全屋规划整理方案。

　　在整理过程中，整理汇团队的规划整理师充分考虑每个家庭成员的兴趣爱好和两个孩子的年龄特征，为每个家庭成员的物品进行定位——设置合理的固定区域，实现动线最优：为了让上小学的女儿拥有高效、舒适的学习环境，将女儿的房间换上合适的家

整理前，儿子的房间里混杂摆放着儿子的玩具和李女士的部分精油

整理后，在儿子的房间里划分出儿子的阅读区和李女士的精油展示区

具，在学习区就近收纳教材、资料、文具；儿子的玩具区调整到客厅，可以与在客厅或厨房忙碌的妈妈随时交流，不再缠着妈妈必须陪着在自己的房间里玩，亲子时光变得更欢乐；在儿子的房间里为李女士的精油划分出专属展示区，没有了散落在各处的瓶瓶罐罐，整个家变得整洁有序……

整理前，女儿房间的储物柜里塞满了全家人的各种杂物

整理后，女儿房间的储物柜上层用来收纳家中的消耗用品，下层则是两个孩子的日常用品，方便孩子们自行取放

整理后，外出用品和不常用的生活用品被集中收纳在大门附近的房间里

整理前，女儿的学习桌上放满了各类杂物，降低了学习 整理后，女儿的学习桌不再凌乱，学习更加专注
效率

　　为了让每个家庭成员都能轻松地管理自己的物品，整理汇团队的规划整理师将每个家庭成员的家居服分别收纳到各自的房间里，将外出用品和不常用的生活用品集中收纳在大门附近的房间里，选用适合每个家庭成员的收纳用品并贴上标签，方便快速取放。

　　后来，李女士开心地向整理汇团队的规划整理师反馈：儿子不再总想着看动画片，而是在玩具区玩得不亦乐乎，一问他"二宝，玩具的家在哪里"，他就一边大喊"我知道"一边立刻放回正确的位置；女儿和先生一起学习规划整理步骤，运用四分法整理得停不下来……

　　看来，只要一家人找到界限清晰且各自舒适的区域，家庭生活就会变得轻松、便利、愉快呀！

PART 4 规划整理培养孩子的自我管理能力

不少妈妈都有这种烦恼：不断地追在孩子后面收拾物品，不仅耗费自己的时间和精力，而且孩子始终学不会独立整理。

规划整理师运用亲子规划整理方法，通过提供儿童房整理、亲子规划整理等上门服务，在解决物品和空间问题的同时，培养、提高孩子的独立性和自我管理能力。

规划整理因人而异的收纳设计能使孩子自主完成"物归其位"，在动手整理的过程中，孩子往往能够发生明显的转变，建立起良好的自我意识和边界感，不仅可以解放妈妈，也可以让孩子变成独立性和自我管理能力更强的人。

01 告别帮孩子收拾没多久就复乱的窘境

黄女士的儿子正在读小学四年级，从他的儿童房可以看出，黄女士已经有意识地为他的衣服、书籍、玩具等不同类别的物品设置了功能分区，但是实际使用效果并不理想。黄女士说儿童房基本都是她来帮儿子收拾，但是每次收拾完没多久就复乱，儿子根本无法管理好自己的物品。

经过沟通，规划整理师曼曼发现其实黄女士对整理这件事有点不得其法，不知道哪种筛选、分类、收纳方法适合自己的儿子，得到的结果当然只能是无休止的复乱。

整理前，抽屉式收纳盒里的衣服团在一起，每次拿衣服都要一顿翻找

整理后，将不同类别的衣服放进相应的抽屉式收纳盒里，将孩子近期常穿的衣服放在"黄金区域"（对应孩子站立时从脖子到膝盖的垂直空间）。抽屉式收纳盒里的衣服全部直立摆放，让孩子一目了然，方便取放

整理前，书柜里的书籍收纳方式不合理，柜顶摞着大箱子让人倍感压抑

整理后，将孩子目前不看的储备类和收藏类书籍放进带门的书柜里

整理前，书架格子里混放了很多杂物，柜顶还堆放着杂物和孩子已经不看的书

整理后，将孩子目前要看的书籍放进开放式 16 宫格书架上，大类分层，小类分格。将亲子共读书籍放在黄女士容易取放的"黄金位置"，将孩子最喜欢、最常看的书籍放在符合其身高的"黄金位置"

整理前，书架和书桌之间放着行李箱和自行车，孩子取放书籍很不方便

整理后，将行李箱和自行车移到合适的地方，让书柜和书桌之间没有阻隔，便于取放书籍

整理前，书桌被各种书籍、文
具、杂物覆盖

整理后，常用文具被直立摆放
在桌面上，储备类文具则按小
类分别放在书桌储物盒内

整理前，玩具架上堆放着玩具、快递箱和少量杂物，除了乐高和积木有专门的收纳盒，其他玩具都没有进行分类

整理后，按类别将玩具放进相应的收纳盒内，实现"各回各家，互不打扰"

问题看似是孩子无法管理好自己的物品，实则是家长提供的环境并不适合孩子使用，因此，维持整理效果变得非常困难。

黄女士对曼曼说，希望通过规划整理为儿子提供一个有序的环境——物品好拿好放、使用方便，进而让儿子能够独立地整理收纳自己的物品、管理好自己的生活。这也许是每一位家长都希望孩子拥有的一种能力吧！

由于整理的是孩子的物品，不仅需要孩子全程参与整理过程、在筛选环节对自己的物品进行取舍，还需要规划整理师在收纳环节了解孩子的喜好和习惯，以便最终的整理成果能够适合孩子使用和维持。

曼曼和黄女士原本以为对从未整理过自己物品的孩子来说，筛选环节会是一个非常耗时的难点，但实际上她们有了一个惊喜的发现：黄女士的儿子非常清楚自己喜欢什么不喜欢什么、需要什么不需要什么、哪些常用哪些不常用！这不仅让筛选环节得以顺利推进，也让黄女士发现了儿子的整理能力。

看来，有时不是孩子做不好，而是家长代劳太多，没有给孩子尝试的机会和适当的引导。

曼曼和黄女士进行收尾沟通时，黄女士的儿子从书架上抽出一本书，在整洁的书桌上专注地看了起来，丝毫没有被身后的谈话声干扰到——整理的效果立竿见影！

一周后，黄女士恰巧和曼曼参加了同一个培训班，她激动地告诉曼曼，整理结束后她就去了外地，当她回到家看到儿子的房间维持得如此之好时非常高兴，心想一定要当面向曼曼表达感谢。

在整理时，规划整理师需要结合孩子的价值观、喜好、习惯等因素，从孩子的角度出发，创建一个最适合孩子的收纳系统，并在每一类物品的收纳容器表面贴上相应的标签，让孩子在找物品时"眼到、手到、易拿取"，复位时可以不经刻意训练就做到随手放回，如此一来，孩子在管理自己的物品时才能轻松、自如、易维持。

没有不会整理的孩子，只有不适合孩子的环境。孩子就像一块海绵，能够吸收从外部环境中看到、学到的信息并转化为自己的储备，而家居环境就是其中非常重要的信息，整洁有序的环境会对孩子产生深远的影响——外部的秩序会慢慢地内化成孩子内在的秩序感，并在学业、事业、生活中的各个方面体现出来。因此，家长要为孩子提供一个良好的原生家庭环境，这不仅包括良好的亲子关系，还包括良好的家居环境。

其实，只要家长为孩子树立榜样，并把整理的机会还给孩子，发掘孩子具备的潜在能力，孩子从物品整理、空间整理过渡到自我管理就是水到渠成的事情。

02 打造孩子独立照料的"四季衣橱"

孩子的出生让父母觉得幸福，不过，随着孩子的成长，父母会发现孩子的物品越来越多，对家里的收纳空间需求越来越大，父母投入在物品管理上的时间也越来越多……尤其是孩子上学后，父母放在教育上的精力激增，做家务的时间被压缩，如果不擅长整理，那就会让家变得越来越杂乱。

吴女士就有这样的苦恼。生完两个孩子后，吴女士成为全职家庭主妇。大女儿小 Y 年近 7 岁，即将上小学。在咨询中，吴女士说："我曾想将大女儿的衣橱打造成她的自主管理空间，减轻我在换季时收拾衣服的工作量。"不过，现实让吴女士的期待变成了烦恼。

小 Y 从小就由父母和保姆精心照顾，完全没有自己收拾衣物的经验，而大人帮忙整理时没有按一定的逻辑进行收纳，导致小 Y 的衣橱里堆满了杂乱无章的衣物。

在委托规划整理师多么进行规划整理的客户中，大部分是孩子出生后或孩子已经上学的家庭。父母总是期待不用唠叨和代劳，就能让孩子保持整理收纳的好习惯。达到这一目标的关键是：把控孩子可以独立管理的物品量，设计孩子可以理解落实的收纳体系，创造孩子独立进行简单整理的体验机会。

小 Y 的衣橱容纳了一年四季的衣物，而且被塞得满满当当。在咨询时，吴女士表示她和小 Y 不想扔掉任何物品。"现在最要紧的是为上小学的小 Y 提供整洁的空间，打造她能独立照料的衣橱。只有减少物品，空间才能变得充足，物品才能找到相应的位置，小 Y 才能明白物品应该放到哪儿。"多么不断说着这样的话来鼓励吴女士和小 Y 对物品进行筛选。

令人惊喜的是，由于牢记症结所在，随着整理的推进，吴女士和小 Y 在筛选物品的过程中，对一件物品是保留还是舍弃的决断变得明确而高效。"我想好怎么处理这些衣

整理前，杂而多的衣物在儿童房内堆积如山 集中俯瞰小丫的全部衣物

衣物被随意堆叠在衣橱抽屉内

整理前，不同季节、类别的衣物混杂着乱堆在衣橱里

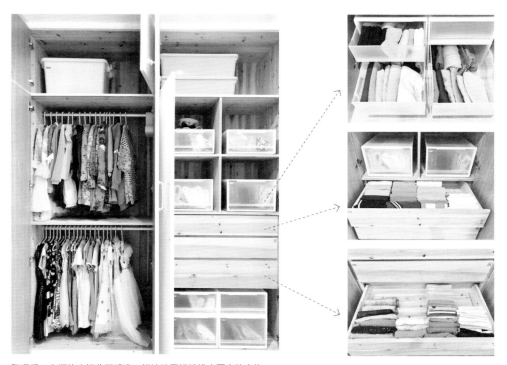

整理后，衣橱的功能分区明确，能让孩子轻松找出要穿的衣物

服了，可以让专门收衣服的机构上门回收！"听到观念发生了改变的吴女士这么说，多么非常高兴——整理就是这样一步一步发现问题、解决问题呀！

在讨论衣橱收纳方案时，多么首先考虑的是使用衣橱的人是谁和衣橱的主要用途是什么。如何设计让孩子也能理解并落实的收纳体系，既是亲子规划整理的关键，也是最需要用心的环节。

衣物筛选结束后，多么根据衣橱挂衣区、抽屉柜的大小、数量和衣物的数量、类型来决定什么区域放置哪种衣物。经过重新规划，多么将备用的被子、枕头装入收纳箱放在衣橱上层，连衣裙全部挂在衣橱左侧，可以叠起来的衣服则集中收纳在衣橱右侧。

按照标签定位收纳衣物

多么正在示范"四季衣橱"的换季流程

小 Y 的身高已有 120 cm，完全可以独立取放衣物，不过由于之前没有考虑小 Y 独立使用衣橱的便利问题，小 Y 的衣物被不分季节地存放在衣橱中，当季衣物甚至收纳在衣橱中上方，需要大人帮忙才能取放。

经过重新规划，多么将当季衣物全都收纳到小 Y 一伸手就可以碰到的高度空间，方便她独立管理衣物：夏季连衣裙挂在衣橱左下方的挂衣区，短袖、短裤、游泳衣等装到抽屉式收纳盒内放在衣橱右下角，每天都使用的家居服、内裤、袜子等则放在与小 Y 平视高度持平的三层木质抽屉里。

要想让孩子逐渐树立"自己的事情可以自己做"的信念，最好适当使用一些工具来帮助孩子记住物品分区规则。经过讨论，多么和小 Y 决定使用标签。有了醒目的标签提示，小 Y 不用特别去记就能了解什么地方放置什么衣服。

在收尾时，多么花了不少时间向吴女士和小 Y 说明分配好的物品位置和特意打造的"四季衣橱"的换季流程。幸运的是，这完完全全满足了吴女士的期待——小 Y 可以独立寻找、整理自己的衣物，换季时，吴女士只需协助小 Y 把冬季连衣裙从上方挂衣区换到下方挂衣区、把装秋冬衣物的抽屉式收纳盒调换到衣橱右下角即可。几个小动作就可以完成换季整理，极大地节省了吴女士的时间和精力。

最后，多么向吴女士表达了自己的真心期待："在不久的将来，妈妈帮小 Y 添置一面全身镜吧！让她能在整理好的房间里，打开整洁有序的衣橱，尽情挑选喜爱的衣物，装扮后在镜前细细打量自己。女孩都向往美好，她会慢慢从中体会到整理收纳的快乐。"毕竟，让孩子爱上整理胜过总是催 TA 收拾。

经过规划整理，小 Y 第一次拥有了自己能够独立照料的"四季衣橱"。多么告诉小 Y，希望她通过用心规划整理，在升为一年级学生之际，打造出可以自己独立照料的儿童房，一点点学着自己管理物品，发现更多整理的意义。

03 "以后我的房间不能再随便放你们的东西了"

苏女士是规划整理师美玲的朋友，她有一个即将升小学三年级的 8 岁女儿小 K。当时正值暑假，苏女士希望通过专业系统地整理儿童房，为小 K 开学做好准备。

美玲选择在小 K 没有课外班的时间上门整理。第一次进入小 K 的房间时，美玲的第一感觉是光线偏暗、物品偏多。

一见面，小 K 活泼健谈的个性让美玲印象深刻。不过，带着美玲走进儿童房后，她略为不好意思地说："看，我的房间有点乱吧？"

整理开始后，从清空、筛选到定位、摆放，小 K 一直问美玲她需要做什么、现在进行的是什么步骤、为什么要这么做……全程非常积极，活脱脱一副非常期待整理过后房间大变样的雀跃模样。当向她解释清楚怎么分类、为什么这么分类以后，她用惊人的判断力和决断力快速地完成了书籍和文具分类。

在清点儿童房的物品时，美玲发现房间里的物品有一半属于大人，窗台和书架上有

美玲带着小 K 用四分法对书籍和文具进行分类

整理前，儿童房的光线偏暗、物品偏多

整理后，儿童房焕然一新

整理前，窗台上常年累积的书籍和资料挡住了光线

整理后，窗台被打造成阅读角

不少大人陈旧的工作资料，床底和衣柜里放着大人闲置多年的健身物品和电器……这些物品积满了灰尘，对孩子的健康非常不利。正是因为大量堆积着大人的闲置物品，小 K 的物品无法得到有序摆放，最终导致各类物品混杂在一起，而且越积越多。纵观整个儿童房，小 K 只能在床上自由活动，就连书桌都无法正常使用，极大地影响了她的学习效率。让美玲印象深刻的是，小 K 发现自己房间里有这么多不属于自己的物品后，马上跑

整理前，学习区的书桌和书柜堆满了书籍和杂物，感觉需要排除万难才能专注学习

整理后，学习区整洁有序，所有规划布局都是以提高学习效率为出发点

去对苏女士说："妈妈，以后我的房间不能再随便放你们的东西进来了啊！"仿佛是在宣布她的领地从此独立。

在对经过筛选的物品进行定位收纳的过程中，美玲引导小 K 思考每个空间的功能，然后让她根据这些功能需求确定每一件物品应该放在什么地方、选择什么样的收纳方法更为合理。小 K 全程非常专注地聆听，还时不时提出疑问和意见。看着如此热爱整理的小 K 的稚嫩小脸蛋，美玲开心极了。

整理结束后，儿童房变得如小 K 的个性一般明亮、清爽。美玲至今记得，当她问小 K："喜欢你的'新房间'吗？"小 K 给出的回应——极其灿烂的笑容。

04 "我以后想睡在自己的房间里"

成年人常常鼓励自己或者朋友："你可以释放天性！"可奇怪的是，当孩子释放自己不想整理玩具的天性时，大人却如临大敌。

作为一个还没有育儿经历的规划整理师，大茶曾经在一次全屋整理中整理过儿童房。一个小男孩亮晶晶的眼神就定格在了那个整理故事里。

那是一个很少说话的 3 岁小男孩，他在家里有自己的独立房间，不过由于他和爸爸妈妈睡在一起，原本属于他的房间就成了全家人的衣物堆积区。

按照规划整理方案，大茶花了很长时间先将不属于儿童房的物品分类收纳到其他区

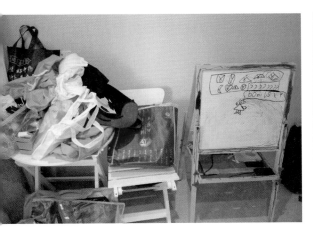

1｜2

1　整理前，儿童房的角落堆满杂物

2　整理后，儿童房的角落清爽利落

整理前，儿童房是一个凌乱的衣
物堆积区

整理后，儿童房就像一个崭新的世界

整理后，根据男孩的喜好，
将玩具车展示出来

男孩把大茶的名片当作打开自己房间的房卡

男孩用努力翘起的小指来表达开心

域，再把男孩的全部衣物从爸爸妈妈的主卧集中收纳到儿童房的衣橱内……经过整理收纳，凌乱的衣物堆积区逐渐恢复成应有的儿童房模样。

男孩拥有各种玩具——地上跑的、水里游的，但由于没有专属游戏区，很多玩具或者夹在姐姐的绘画工具中、作业本的缝隙里，或者遗落在某个角落的地板上被不小心踩上一脚……

通过观察，大茶发现男孩喜欢玩具车，于是她在整理儿童房的过程中，将所有玩具车集中起来，先按照所属系列、车型、大小和颜色进行分类，再一字排开摆放在儿童房的展示架上。

整理完毕，大茶蹲在男孩身边，指着摆满玩具车的展示架说："从此以后，这里就是你的停车场，这个房间就是你的小宇宙啦！"虽然男孩还是不说话，但大茶捕捉到他看到一整排玩具车时似乎一下子就被点亮了的眼神，原本有些落寞的表情也发生了微妙的变化。不一会儿，他快速地跑出房间，钻进妈妈的怀抱里说："妈妈，以后我想睡在自己的房间里。"他的妈妈露出了惊喜的表情。

原来，男孩患有孤独症，平时会不自觉地回避交流，较少表露情绪。整理当天，他开心的神情和表达了自己想法的那一句话，仿佛告诉所有人他正在慢慢地向一个更开朗、更独立、更坚强的男孩靠近。

后来，男孩和大茶慢慢地亲近起来。他把大茶给他爸妈的名片拿在手里，说它是打开自己房间的房卡。大茶听到后笑出了声音。

回访时，男孩已经住进自己的房间里。大茶相信已经拥有了小宇宙的他，未来一定会拥有辽阔的内心天地。

05　整理可以感染更多人

在规划整理师 Jenny 的上门咨询和服务案例中，刘女士家的书籍整理令她印象非常深刻，因为那次整理服务不仅改变了刘女士一家的居住环境，而且刘女士还通过整理示范带动她的孩子一起打开了整理的大门。

在上门咨询前，刘女士将摆放得满满当当的书柜照片发给 Jenny，抱怨新买的书籍无处安放，想看的书不是找不到就是拿不着。

刘女士家的 9 岁孩子对整理书籍非常抵触，一见到 Jenny 就说："不要扔我的书。"对此，Jenny 表示非常理解，毕竟孩子对自己的物品天生就有很强的保护意识。那么，让孩子理解"规划整理师并不是来扔物品的"就非常重要了。

规划整理的第一步不是马上动手整理，而是先向客户了解情况。经过咨询，Jenny

了解到刘女士的孩子特别喜欢看书，书柜没空间放新书后，刘女士给孩子买过一段时间的电子书，可仍无法解决最让刘女士困扰的根本问题——孩子对待书的态度：所有书都要留着。因此，刘女士希望通过规划整理让书柜恢复使用功能，同时也让孩子能够独立管理自己的书。

"您理想中的书柜是什么样的？"

"每天有多少时间用来看书？"

"如果孩子不参与整理怎么办？"

……

经过对规划整理方案进行梳理，Jenny 与刘女士逐渐找到了问题的答案。最终，刘女士决定先整理自己的书，为孩子腾出一部分书柜空间，而对孩子的书应如何整理，还是要尊重孩子的意见。

在整理过程中，Jenny 建议刘女士采用"会不会再看"的判断原则来筛选书籍，帮

整理前，因为书柜太满，买来的新书只能堆放在桌子上

整理时，将所有书籍拿出来进行分类、筛选

助刘女士找出自己真实的阅读需求。

很快，刘女士就发现很多书虽然已经跟着她搬过很多次家，但她一直没再翻开看过，现在再看的可能性也几乎为零。虽然在筛选过程中，她不时发出对往事留恋的感慨，但很快又提醒自己现阶段的生活重心是什么，最终她只保留了一些经典名著和仍有阅读需求的书籍。

令人惊喜的是，在 Jenny 陪刘女士一起将书籍集中、筛选、分类、整齐摆放到书柜里后，目睹了整理变化的孩子突然转变了态度，跑过来问："什么时候开始整理我的书呀？"看来，父母行动之时就是引导孩子改变的契机！

为了调动已经被激发出整理欲望的孩子的整理兴趣，Jenny 决定先从小游戏做起，

整理前，书柜被塞得满满当当

整理后，书柜不仅井然有序，还留有空间

比如让孩子为套书中的每一本书排序号，把最喜欢的书挑出来，根据孩子的身高找到书柜的"黄金区域"……让孩子觉得整理其实很好玩。

有研究表明，在完成一项复杂任务时，比如给杂乱的物品做分类，得到妈妈帮助的儿童比独立完成任务的儿童的进步更快、兴趣更大。也就是说，与他人一起解决问题，孩子会更有动力。这就是合作式学习的意义。

于是，在孩子的整理兴趣高涨时，Jenny让刘女士带领孩子在整理中进行一些思考，让他理解整理的过程其实就是做规划和选择的过程。

首先，刘女士和孩子一起规划了书柜的区域划分，确保每个人都有自己的专属藏书空间。

其次，刘女士引导孩子对书籍进行筛选：哪些是喜欢且正在看的书，哪些是看了还会再看的书，哪些是不会再看的书……对孩子来说，学会独立思考和决策非常必要。听到孩子说："这些书已经不适合我了，送给妹妹吧！"Jenny和刘女士都为他迈出的独立管理第一步感到开心。

最后，刘女士和孩子把筛选后留下的书放到书柜里。看到原本胡乱堆满书籍的书柜"瘦身"成功，孩子兴奋地说："这下，我终于能看到所有书了！"

几天后，刘女士发微信告诉Jenny孩子再也没有让她帮忙找书，完全实现独立管理书籍了。随后，她又高兴地说自己刚整理完衣橱，并发来衣橱图片求点评。Jenny不禁感慨：看来，整理真的可以感染更多人，让更多人热爱生活呀！

物品篇
让物品服务生活

随着工业化大生产和互联网商业的快速发展，购物变得越来越简单。然而，不停地"买买买"甚至是盲目消费会带来一个不可避免的问题——物品过量且与无法扩大的家居空间产生矛盾，加之不少家庭不懂有意识地进行物品整理，因此，常年闲置的大量物品让居住者和家都不堪重负，物品散乱摆放、不易寻找、取放不便、使用率低却占据空间等一系列问题摆在了眼前。

不少人以为规划整理主要就是扔物品，其实这是一种误解。规划整理并不强调扔物品，也不是从扔物品着手整理，而是围绕"人"展开整理活动，让买回家的物品能够真正服务生活、装点生活。

在本篇手记中，你会看到以人为本的规划整理师如何帮助物品多到爆炸的客户减负。哪怕是不愿意扔物品的客户、不愿意买收纳用品的客户，规划整理师一样可以提供令他们满意的服务。

PART 1　告别物品特别多的烦恼

据统计，在一个居住 3 年以上的家里，如果居住者从未有意识地舍弃物品，那么通常家里会有 15% 左右的闲置物品。

在现实生活中，有的人因为有特殊爱好或工作需要导致某一类物品偏多，有的人因为无法拒绝他人的赠予或者购物太多导致物品太杂，有的人则因为不懂规划导致物品放不下甚至在心理上觉得物品不够精简……

其实，很多需要整理的客户遇到的首要问题就是没有筛选物品的意识，导致因物品过量而没有办法高效生活。

01　美妆博主的化妆品多到无法在家落脚

波克比是坐拥 150 多万名粉丝的美妆博主，她在微博找到规划整理师魏小晖，发私信求助道："小晖老师快来救救我吧！我在家里没法正常走路了！"乍一看消息，小晖吓了一跳，以为是波克比的腿脚出了什么状况，一沟通才知道是因为化妆品满坑满谷地堆积在地上导致家里无处下脚，晚上她都不敢黑灯起夜，生怕摔跤。

走进波克比的化妆间之前，小晖提前做了一些功课，了解到波克比成名于 21 岁，在美妆界占据重要地位，上大学期间就开始做一些测评类视频，性格开朗直爽，每次视频开场都会说一句："大兄弟们，我跟你们说啊……"特别有趣。一路走到现在，她拥

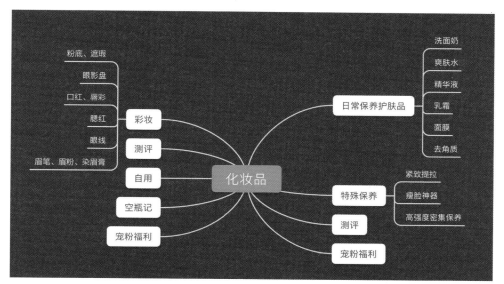

小晖为波克比制作的化妆品分类图

整理过程是获得工作灵感的极好时刻

有了自己的淘宝店铺，只要粉丝呼吁想看哪些化妆品测评，她就会尽量安排时间拍测评视频。此外，她还会拍摄一些"空瓶记"视频，导致家中的化妆品严重超量。

整理当天，一走进波克比的家，小晖就惊呆了，感觉像是走入一条铺满鹅卵石的河流，几乎看不见地面的颜色，满满覆盖着各种各样的化妆品、快递箱、手提袋、礼品盒等。小晖和助理几乎得踮起脚尖走路，不时用脚拨开成箱成袋的化妆品、护肤机器设备，才踏出一条狭窄的路晃晃悠悠地进入化妆间。小晖不由得在内心感慨道："做哪一行都不易啊！难怪波克比说自己没法正常走路，这真的是无法下脚。牺牲空间，宠粉不易啊！"

波克比每天都会收到品牌方送来的大量试用品，拆快递成为她日常工作中最重要的一项，不过拆完所有快递后，她就没有气力做其他事情了。为了减轻波克比的工作压力，小晖将分类定位作为整理化妆品的重要环节。

美妆博主与一般人的化妆品整理需求完全不同，不是扔掉空瓶、过期品那么简单，而要结合视频选题需求和工作计划来进行规划整理。在拿出全部化妆品进行集中整理的过程中，小晖了解到波克比的日常工作流程：定期做彩妆分享、拍摄"空瓶记"、测评化妆品和护肤品……根据波克比的日常工作需要和使用习惯，小晖将所有化妆品做了分类。

分拣挑选化妆品的过程非常欢乐，在整个过程中，波克比不停地惊呼："我还有这个！""居然/原来在这里啊！""我终于找到了！"……那些对大多数人来说需要扔掉的瓶瓶罐罐，却是波克比视频选题需要用到的道具。当天，不断"出现"的化妆品激发了波克比快速完成那些已成型却未启动的选题的热情，她决定不再囤瓶瓶罐罐，赶快拍摄"空瓶记"视频，并做一个网红洗面奶的横向测评和一个国潮眼影盘的测评。波克比非常兴奋，原来只要将化妆品进行清晰分类，视频选题就会自动浮出来，一举两得！

有了具体的化妆品分类标准后，小晖利用现有的空间进行收纳：能上墙的上墙，比

整理前，满地都是为拍摄测评视频准备的化妆品

整理前，试用品快递箱已经堆成山

整理前，等待拍摄的空瓶们铺满了地面

整理前，化妆间的
柜子里和地上都放
满了化妆品

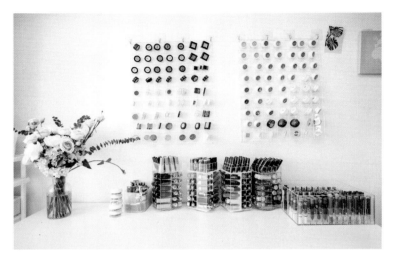

整理后，将口红和眼影按品牌分类后上墙展示

整理后，用速冻水饺盒直立摆放眼影和腮红

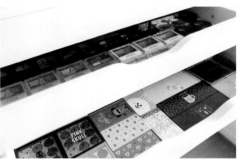

整理后，抽屉中的彩盘井然有序

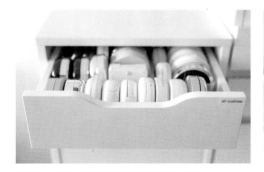

整理后，抽屉表面的标签让物品取放更为便捷

整理后，根据波克比的使用习惯调整护肤品的摆放位置

整理前，直播台上堆满杂物　　　　　　　　　整理后，直播台上只有必用物品

如口红、眼影等比较轻的彩妆；能入柜的入柜，比如大量彩妆盘、底妆产品；能展示的展示，比如保养品。此外，小晖重新规划了取放各类化妆品的合理动线，比如在离卫生间最近的地方安置日常保养品和卸妆用品，避免产生因数量太多而找不到或遗忘物品的情况，让波克比的日常工作和生活都变得轻松、便捷。

值得一提的是，为了解决最让波克比头疼的拆快递问题，小晖专门在客厅规划出收拆快递的位置。每次收到快递，先在这里将化妆品外包装拆除，再拿进化妆间摆放到所属类别的固定位置上。如此一来，每件进入化妆间的化妆品都能轻松找到自己的"家"，同时也释放出顺畅的行走空间。

整理完毕，波克比的化妆间实现了她想要的效果：不用费劲挑选拍摄角度，想要什么都能找到，并且随手可取。

要知道，走路时不会踢到物品、不被物品绊倒这样的基本要求对美妆博主来说却是来之不易的。看着波克比在明亮的窗前美美地跟大家分享测评，真是令人心情大悦。

02　衣服多到撑爆布艺衣柜

规划整理师蘑菇第一次到张女士家做空间诊断时，看到的景象是这样的：

不大的房间里放着两个衣柜：木质衣柜的方格子里塞满了 T 恤、衬衫、长裤，挂衣区下方堆积着挂不下的衣服，抽屉因为背心、袜子塞得太满而卡住，衣柜顶部堆放着装有棉被的压缩袋和满是灰尘的行李箱；布艺衣柜是后来添置的，但根本没有想象中实用，叠很麻烦，挂又没有空间，最后干脆直接往里塞，怎么快怎么来，毕竟上班快迟到了，谁还有心思整理衣柜呢？日积月累，布艺衣柜终于爆开了。

关不上门的木质衣柜和已经被撑爆的布艺衣柜

遇到这样的情况，大家的反应一定是觉得把多余的衣服扔了就完事了吧？

在现实生活中，不善于取舍的人会因为必须舍弃物品而感到纠结痛苦导致无法继续整理，善于取舍的人则会因为扔了多余的物品便以为整理完成了。

其实，整理不仅是做出取舍那么简单，还需要有合理的空间规划和正确的收纳方式。

张女士是非常喜欢买衣服的人，每个月都会逛街买衣服犒劳自己，不过由于工作原因，她穿私服的时间很少，衣柜里基本上都是崭新的私服，而且她不想舍弃任何一件衣服。这时候，就需要有的放矢地进行空间规划。

经过蘑菇的专业咨询和空间诊断后，张女士决定将被撑爆的布艺衣柜换成开放式衣柜组合，既增加收纳空间，又便于取放。

整理后的衣物收纳区

规划整理师除了提供专业的建议和指导以外，很多时候需要给予有爱的陪伴。将衣柜彻底清空时，张女士对自己的衣物数量十分惊讶。毕竟，这是 13 年来她第一次做彻底的整理。蘑菇看出了她的焦虑与尴尬，轻声安慰她："没关系，我陪你处理，你可以的！"

蘑菇陪着张女士将最喜欢且经常穿的衣物根据季节和使用场合进行分类并一一陈列出来。由于空间有限，蘑菇将张女士的当季常穿衣物悬挂起来做展示收纳，非当季或不常穿的衣物则用百纳箱收起来做隐藏收纳。

在规划整理过程中，筛选分类能让客户更清楚地了解物品在自己心中的地位和属性，在整理过程中出现需要反复分类的情况是很正常的。

经过 6 次反复筛选与分类，张女士告别了那些她确认不再留恋的衣物，最终收获了好用、好看又容易维持整洁的大容量衣柜。

看着整理后的衣柜，张女士激动地说："这才是我想要的衣柜啊！"

如果你也拥有数量庞大的衣物，那就放下你的"取舍焦虑"，尝试做筛选与分类，一点点剖析每件衣服对你的意义，你就会轻松得出答案！

把力气花在你想要的生活上吧，别再让混乱的空间影响你的好心情！快快动手规划整理吧！

03　即使是通天大衣柜，也塞不下全部衣物

当规划整理师梦梦来到孟女士的衣帽间时，发现本应宽敞明亮的 20 ㎡ 房间内是清一色的通天大衣柜，每一个格子都被塞得满满当当，当季衣物全部胡乱堆放在床上……

孟女士说自己理想中的衣帽间是《破产姐妹》中 Caroline 曾经居住的豪宅里的衣帽间：整齐划一的同色调衣橱，按款式、质地有序排列的高级礼服，可以旋转的陈列式鞋架……

"当初设计衣帽间时，我特意做了非常多的储物空间，可是衣服实在太多了，上班又忙，现在乱得再也不想收拾了……"孟女士的语气中透出一丝无奈与烦躁。这就是她邀请梦梦为自己做规划整理的动机。

在咨询时，梦梦从胡乱堆放在床上的那堆当季衣服入手，以孟女士的日常生活为中心，详细列出了包括洗衣收衣习惯、兴趣爱好和目前困扰等 60 多个问题。

经过交流，梦梦发现孟女士的痛点在于工作繁忙，平时都是她的先生负责洗衣、收

整理前，通天大衣柜的每个空间都被塞得满满当当

整理前，当季衣物全都胡乱堆放在床上

整理后，常穿衣物挂在"黄金位置"，快递纸箱被用来收纳非当季衣物

衣，但由于她热衷于"买买买"，衣服数量庞大却从未做过分类，先生不了解她的衣服状况，加上衣橱的悬挂区有限，只好将衣服胡乱堆在床上或随意塞进衣橱里，导致整个房间满满当当、异常拥挤。

在沟通具体解决方案时，孟女士虽然知道自己的衣服数量过多，但怎么都舍不得扔掉任何一件；虽然接受重新规划分区、提高空间使用效率的建议，但觉得统一尺寸的透明收纳抽屉的价格过高，不愿意购买。

梦梦了解孟女士的想法后，并没有强迫她改变，而是完全尊重她的价值观和需求，通过协助孟女士清点筛选衣物、按实际使用频率规划分区来提高空间使用率，解决了当前衣物放不下却又不想舍弃的问题；孟女士不想购买收纳工具，认为这是一种浪费，因为在她的价值观里，收纳工具的实用性要优于美观性，于是梦梦将孟女士家里的快递纸箱按收纳空间尺寸进行裁剪，一样得到了节省空间、好拿好放的收纳效果。

被誉为"能够带动销售的设计魔术师"的佐藤可士和曾在书中写道："整理不可失去

客观的角度。"规划整理是一门以人为本的学问，哪怕是不愿意扔物品的客户、不愿意买收纳用品的客户，只要规划整理师尊重他们的价值观和需求，对空间进行合理的分类规划，将现有物品改造为合适的收纳工具，也可以进一步提高家居收纳能力，解决物品数量过多的问题。

在这次衣橱整理中，梦梦始终保持着对孟女士真实需求的觉察，不断与她沟通并核对目标，最终实现了她的整理心愿——衣物取放方便、空间利用合理。

04 践行极简理念后，还是觉得物品多

白井租住在一个 30 ㎡ 的开间里，之前她看过《断舍离》等整理书籍，但遵循书中的方法进行整理后仍觉得苦恼，于是想进一步咨询和学习整理方法。找到规划整理师唐洁时，白井说："我崩溃了，房间又被乱七八糟的物品堆满了！"

上门咨询时，唐洁发现白井在自己做整理的过程中对物品进行了极简处理，所有衣服不足 50 件，房间里都是做出取舍后留下的收藏纪念品和简单的生活必需品，甚至没有卷纸和纸巾，物品并没有多到家里放不下的程度，更谈不上杂乱。这和她说的"乱七八糟""被物品堆满了"的情况对不上呀！

通过进一步沟通，唐洁了解到让白井真正苦恼的问题有两个。

第一个问题是衣服：白井说当季衣物挂在衣架上，拿下来时经常会缠到一起，令她心情不爽；换季衣物堆在储物柜中，看着太满，让她觉得心烦。原来，白井说的"满""多"是她自己的心理感受，并不是实际数量。

整理前，当季衣物收纳区就连衣架都是混乱的状态　　　　　　整理后，当季衣物被叠放在分层收纳挂件里

整理前，换季衣物收纳区里的衣物乱塞乱放　　　　　　整理后，换季衣物被叠放到收纳盒中

　　挖掘到根源，问题就容易解决了。鉴于白井的家是短期租住房，唐洁建议她购买经济实惠的收纳用品。为数不多的当季衣物叠放在分层收纳挂件里，可以轻松地拿取和放回，而且看上去不杂乱；换季衣物折叠后放入收纳盒里，堆满的景象被隐藏起来，还能阻挡灰尘。

整理前，书被"藏"到收纳架里，不方便取放

整理后，书籍被摆放到窗边茶几上，颇有书店氛围

整理后，用纸质开放式文件盒收纳文件和小物品，既环保又好用

整理后，有格调的房间处处透露着居住者对生活的热爱

第二个问题是书籍：白井说自己的书籍数量很多，而且不好取放。唐洁仔细观察后发现，由于书架的深度大于书的宽度，收纳时书被推到了书架深处，书架外部空出的地方堆满了随手放置的小物品。如此一来，不仅显得空间凌乱，而且书被挡住不好取放，看书的热情就渐渐消减了。白井说："之所以没扔掉已经积灰很多的书，是因为我一直想着有时间就要学习自己感兴趣的知识。看来，我内心的求知欲是被错误的收纳方式耽误了呀！"

唐洁建议白井将书放到动线最短的位置上。把书架上的所有书拿出来一摞一摞地放在窗边闲置的茶几上时，白井终于看清了书的样子，她认为这样的摆放方式让她有看书的欲望。于是，唐洁改变规划方案，按照白井的喜好将书分类后摆放在茶几上，让她每天回家后都能不自觉地踱步到书堆前阅读。至于空出来的书架，唐洁建议白井添置开放式文件盒来收纳文件和小物品，既便于取放物品，也不显凌乱。

通过此次整理，白井茅塞顿开——原来并不是把物品减到最少就能让自己快乐，而是要通过规划空间整理出符合自己感受和习惯的住所才让人愉悦。她说原本以为规划整理是整理师教客户如何整理，经过实际操作，她发现规划整理是整理师帮助客户把说不出来的需求具体化，让客户更清楚地认识到自己想要什么样的生活。她用了一个很妙的比喻：规划整理师是一个纺车，帮助客户把"思想乱麻"捋成线，拥有很多物品的家尤其需要定期捋一捋。

一个月后，唐洁进行回访，发现白井的房间变得更加整洁了。后来，白洁发来一张图片，配文是："喜欢的书，灵质的空间，美好的生活！"看得出来，她开始享受生活了。

PART 2　解决物品杂乱到处扔的难题

当物品没有固定的位置时，物归原位就无法实现，不仅在视觉上杂乱无章不美观，还会导致总是找不到要用的物品，更别提培养良好的整理习惯。

那么，是否所有物品都应该按照一个类别集中收纳在一起呢？其实不是。

有时，物品之所以会到处都是，是因为居住者需要在多处使用物品，这时分散收纳才是符合居住者行为习惯的有效收纳方法。

01　不是不想收拾，只是不知道收在哪儿

赵女士说她是下了很大的决心才请规划整理师付付上门整理的，因为家里实在太乱了，尤其是客厅，简直无处下脚。

虽然有心理准备，但付付到赵女士家做上门咨询时还是被客厅的景象吓了一跳：飘窗上、沙发上、茶几上、地板上到处都是玩具，要小心翼翼地跨越各种障碍物，才能从客厅一头走到另一头。

赵女士祖孙三代五口人同住的房子只有 70 ㎡，卧室、卫生间和厨房都很小，稍微大一点的客厅兼顾了衣物晾晒、吃饭、看电视、先生加班、孩子玩耍等功能。其实，

整理前，沙发、爬行垫上到处都是杂乱的物品

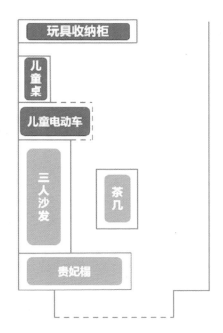

付付随手画的客厅规划图

将所有玩具集中起来

对玩具车进行分类、筛选

将玩具车收纳到固定的位置上

为玩具收纳柜打印分类标签

25 ㎡的客厅不算小，但要承担那么多功能还是明显不堪重负：餐桌早已舍弃，全家改在茶几上吃饭，但是每到吃饭前都要先把茶几上的玩具收拾一下；好不容易有空坐下来看会儿电视，还得先把沙发上的玩具收拾一下……而所谓的"收拾"，也只是把玩具从茶几挪到沙发，再从沙发这头挪到沙发那头。

　　这正是赵女士的烦恼，她希望玩具能回到它们应该在的地方，而不只是简单地挪来挪去。然而，她说不清楚应该回到哪里，于是家人都按各自的理解把玩具收拾到某个地方，出现了玩具在客厅四处"流浪"的场景。付付问："把玩具放到爬行垫上呢？"赵女士

整理后，玩具收纳柜整洁有序

说："不行，爬行垫太小了，玩具根本放不下。"

地板面积太小，那就从墙面找空间！靠墙放一排玩具收纳柜，可以大大提升收纳空间！付付随手画了一张规划图给赵女士看，赵女士的脸上瞬间绽放出笑容……

上门整理那天，付付才知道赵女士的婆婆对添置玩具收纳柜颇有意见，老人觉得有这个钱不如给孩子买些新玩具。为了避免干扰，赵女士特意让老人带孩子到楼下玩，奈何老人不放心，时不时找各种理由回来"视察"。从一开始的嘟嘟囔囔到后来的赞不绝口，她拉着付付说："姑娘啊，以前不是我们不想收拾，只是不知道收到哪儿啊！现在你给规划好了，我们就清楚了，你看你还贴上了标签，专业的就是不一样！"

后来，赵女士对付付说，每天晚上她都带着孩子一起收拾玩具，告诉他："天黑了，玩具要回家了，我们一起送玩具回家吧！"孩子超级喜欢这个游戏。

收到这样的反馈，付付已经感到很欣慰了，没想到后面居然还有惊喜——

整理完不到两周的时间，赵女士给付付发了一条长长的微信："付付老师，你没来我们家整理之前，我迫切地想换一套大房子，以为空间大了自然就整洁了。现在我明白了，只要用心规划，小房子也可以住得很舒服。这次买房，我果断选了紧凑型小三居，总价省了大几十万元，真的太感谢你了！"

02　总是在找物品，生活一团乱

"媳妇儿，我的头盔在哪儿？"

"老婆，看见我的运动裤了吗？"

"亲爱的，你能帮我找找那双新买的运动袜吗？"

……

这些话想必很多人都不陌生，而这也是温女士家中的日常情景。

温女士的先生是摩托车和单板滑雪的重度爱好者，购置了大量相关物品：两块单板滑雪板、单板雪靴、多套滑雪服、滑雪头盔和护具、一体式摩托车骑行服、两个摩托车头盔……

由于居住在 180 ㎡ 的大平层中，储物空间充足，温女士之前没有对这些运动物品进行收纳规划，全部随机收在储物箱中，散落在不同房间的角落里——摩托车骑行服、摩托车头盔分处客房、阳台，两块单板滑雪板在客房床底接灰，多套滑雪服和滑雪用具散落在 3 个房间的 4 个衣柜中，甚至上次滑雪回来的行李及部分滑雪装备还都放在一个角落里迟迟没有整理和清洁……

整理前，衣柜的利用率不高，运动用品散落在床上

整理后，衣柜用来集中收纳男主人的心头好

　　每次要用运动物品却怎么都找不到，先生忍不住埋怨，温女士也十分委屈，时间一长，夫妻间矛盾重重。于是，温女士找到规划整理师 Miss 包整来帮忙整理，以便彻底解决这个问题。

　　其实，症结再明显不过了，要想解决，只要把散落在各个房间的运动物品进行集中收纳即可。在 Miss 包整的帮助下，温女士改变了客房衣柜的格局，专门用来存放先生的所有运动装备：

　　滑雪板不再塞在床底接灰，而是竖立在衣柜中；一体式摩托车骑行服不再蜷缩在收纳箱中，而是组装好挂在衣柜里，随时可穿；滑雪服不再一件件分散叠放在收纳箱里，而是集中挂好，方便取放；滑雪用具不再四处散落，而是集中收纳在一个收纳箱里放在衣柜底部……

心爱之物有了理想的归属，温女士的先生自然非常开心，昔日使用率极低的闲置衣柜成了他的心肝宝贝。

如今，温女士的先生清楚地知道每件宝贝的位置，自己就能打包收好外出行囊，再也不用麻烦温女士找这找那，夫妻之间的矛盾少了很多。他忍不住感慨道："真的是用得顺手，过得顺心！"

03 怎么收纳，你来做主

规划整理师张鲸鱼受邀到夏女士家里整理时，映入她眼帘的是一个开阔的客厅，由于客房墙壁被打通，一个榻榻米一览无余地呈现在眼前。

夏女士说她期待通过规划整理让榻榻米不再凌乱拥挤。张鲸鱼问她最头疼的是什么，她说是书。

书为什么需要整理呢？原来，夏女士在墙上钉了一个纵向的隔板架，所有书都被集中收纳在了墙上。如此一来，想看的书，取放不方便；想珍藏的书，被淹没在窗户角落堆放的文件和不重要的书里……

在咨询过程中，夏女士几度问张鲸鱼："你说我买什么样的书架好呢？"张鲸鱼笑着说："先整理，再考虑书架，说不定整理完就不需要书架了呢！"夏女士看了看墙角的一堆书，满脸都是怀疑。

经过沟通，张鲸鱼提出了两个书籍规划整理方案：

榻榻米在客厅一侧，一进门就可以一览无余

整理时，用四分法对书籍进行分类，红布上的是
需要断舍离的书

整理前，家中的所有书都集中在窗边的角落里

整理后，原来的隔板架被毛绒玩具替代，整个空间清爽舒适

整理前，沙发与榻榻米之间的平台成为各种小物品的承载地

整理后，准备看的书放在沙发后的平台上，坐在沙发上就可以随手取放

方案一：利用沙发背后的平台放置想看的书。优点是可以满足夏女士随时在沙发上看书的愿望，缺点是从榻榻米方向看过去不怎么美观。

方案二：利用阳台上的半闲置花架暂时放置想看的书。优点是如果真的要购买书架，可以缓冲书架到来之前的空间窘迫；缺点是离沙发比较远，在沙发上看书时取放不方便。

夏女士试了方案一，发现坐在沙发上一回头一伸手就能拿到书，确实很方便，便果断选择了方案一。

整理书籍的过程非常顺利，在张鲸鱼的引导下，夏女士根据自己的需求将书籍分为四类：准备看的书，珍藏的书，工具书，需要断舍离的书。

一个半小时过去，张鲸鱼和夏女士完成了书籍分类并开始进行分散收纳：准备看的书被就近放在沙发背后的平台上，珍藏的书被放在榻榻米展示架上，工具书由于基本用不到被装进箱子里，需要断舍离的书则准备流通出去。

其实，整理书籍就是整理自己的知识储备。在整理过程中，夏女士不停地说："我还有这本书呢？""这是啥时候买的啊？""我竟然买了《断舍离》！""原来我对这个领域这么感兴趣！"……

整理，不是简单的收拾物品行为，而是借由这个探索的过程更清晰地看到自己的需要，从而向自己的目标靠近。选择集中收纳还是分散收纳，由你来做主。

PART 3　提高物品的使用效率

物品的使用效率是规划整理的重点，无论物品的数量是多是少，使用效率都是规划整理的决策指标。

对物品进行筛选、分类、定位，并配以良好的摆放手法，能够大大提高物品的使用效率。即便用乱，也能快速复位。

在家居整理收纳中，为了追求表面整齐而降低物品的使用效率是得不偿失的。

01　5分钟选好衣服的衣帽间规划

张小姐是一位年轻的未婚白领，独自住在一个小公寓中。在前期咨询中，她告诉规划整理师轻松姐，自己虽然拥有一个衣帽间，但找衣服特别难，几乎每天早上都要花费半个多小时在衣服堆里翻衣服，好不容易找到想穿的衣服却发现已经被压得皱巴巴，没法穿出门……找衣服的时间太长，不仅让她心情烦躁，还经常让她没时间吃早饭，上班也匆匆忙忙。

上门整理时，轻松姐先测量了衣帽间的收纳面积，重新规划这个 3 ㎡ 空间的功能布局。与张小姐沟通后，轻松姐将衣帽间进门处左上方的挂衣区规划为上衣悬挂区，右上方的挂衣区则改成裤子和裙子悬挂区；左下方的四个大抽屉用来放置可以折叠的换季衣服和内衣、内裤等贴身衣物，右下方的两个小抽屉则用来放置丝巾、袜子、皮带等小物品。

整理前，衣帽间的衣服多得堆放到地上

    然后，轻松姐清空衣帽间里的所有衣服，集中放在卧室的床上。俯瞰这座衣服小山时，张小姐非常惊讶，说从来没想到自己居然积攒了这么多衣服。

    在清点过程中，张小姐不停地发出感慨，她从没意识到自己买了这么多相同款式、相同颜色的衣服——38件白色衬衣，21件蓝色衬衣，27条黑色裤子，25条蓝色牛仔裤……她甚至才发现自己攒了很多没拆标签的新衣服，连连后悔没有早整理早穿上身。

    张小姐和轻松姐一起将款式过时、尺寸不合适、上身后不舒服、不再心动、一年之内没有穿过的衣服挑选了出来。看着这些曾经心爱的衣服，张小姐非常舍不得。她说这些都是自己精挑细选购买的，而且自己从来没有扔过衣服。轻松姐建议她不必非得扔掉，而是换种方式流通出去：新衣服可以在二手网站上售卖，旧衣服可以送给亲戚朋友、放到小区的旧衣回收箱里、捐赠给飞蚂蚁等环保公益平台。最终，张小姐下决心断

整理后，衣帽间只能看到悬挂的衣服，
叠放的衣物都放进了抽屉里

上衣悬挂区

裤子和裙子悬挂区

舍离了近 80 件衣服。

接着，轻松姐和张小姐一起将当季衣服挑选出来，按照使用功能将衣服分为工作服、休闲服、运动服三大类。由于分类后发现工作服和运动服的数量并不多，于是轻松姐引导张小姐将数量最多的休闲服按照穿衣频率和喜爱程度进行更加细致的分类。如此一来，张小姐在选取衣服时，可以快速地找到自己最常穿和最爱穿的衣服，提高全身衣服的搭配效率。

最后，轻松姐引导张小姐将所有换季衣物折叠好直立放入抽屉中，当季衣物则按照由浅到深的颜色依次放入划分好的挂衣区……整理完毕，衣帽间焕然一新，既美观大方，又整洁有序，张小姐非常满意。

一周后，轻松姐进行回访，张小姐不仅对轻松姐的整理工作表示肯定和感谢，并且给予了一个令人惊喜的反馈：新的衣帽间不仅看着舒服，而且特别好找衣服，省时又省力，让她每天早上只花 5 分钟就选好全身的衣服，她非常开心！

张小姐说衣帽间整理好后，之前匆忙紧张的晨间时光不知不觉地放松下来。如今，她可以悠闲地听着音乐做早餐，吃完之后开心地去上班。

02 10 分钟收好玩具的整理魔法

蔺女士是拥有两个男宝的全职妈妈，大宝四岁，二宝两岁。她家的居住面积约有 180 ㎡，拥有充足的收纳空间。

蔺女士爱买玩具，家里遍地都是玩具：成套的动画片周边、数不清的小汽车、各类厨房声光玩具及过家家玩具、各种拼插堆砌类玩具，还有专业的蒙氏教具与玩具混杂在一起。

蔺女士尝试过改变，将玩具分类，在收纳箱表面贴小标签，但效果并不理想——花一整天收拾好后，大部分玩具还是"无处容身"，而且只有刚收拾完那一刻是比较整齐的，孩子们开始玩后，只要半小时就迅速复乱，没过几天就又变成了无处下脚的样子。

为了摆脱整理困境，蔺女士找到规划整理师 Miss 包整，强烈表达了她的诉求——希望每天只花半小时就能收拾好家里的所有玩具。

经过沟通与分析，Miss 包整总结了蔺女士家主要存在的两个整理困难：一是"放不下"，二是"怎么放"。

为什么家里的收纳空间很大，但还是被"放不下"困扰呢？答案是存在 4 个问题：一是玩具"只进不出"；二是存在大量破损玩具；三是存在很多类型相近但材质不同的玩具；四是因"找不到"而重复购买了很多玩具。

敲定规划整理方案后，Miss 包整开始行动！

首先，淘汰低频次使用和已经不适合孩子年龄段的玩具。

其次，舍弃破损玩具。很多人发现物品出现破损或故障后，仍因"扔了可惜，凑合能用"而留下，但实际上极少会再使用。Miss 包整的解决方案是"如果不能立刻修理好就坚定舍弃"，当然，个别有纪念价值的物品除外。

再次，梳理玩具，探究内心所需。蔺女士曾经以不断地购买不同材质、类型玩具的方式，试图找出她想让孩子玩、孩子也喜欢的玩具，但由于一直没有认真总结规律，只是在重复"试错"。通过本次规划整理，她发现自己和孩子都喜欢拼插堆砌类益智玩具以及质感更好的木制玩具。需求清晰后，又精简了很多玩具。

开放式玩具柜因盒子极易翻倒而很少被孩子使用

整理前，玩具堆放得无处下脚

初步整理后，台面上仍旧保留了一些较大型的玩具

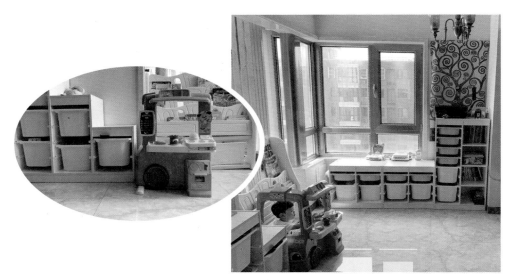

精简玩具后，绘本架取代开放式玩具柜发挥区域隔断作用

最后，解决"怎么放"的问题。玩具区有 1 个开放式玩具柜和 3 个宜家舒法特储物柜，精简后的教具和玩具被分门别类地放入宜家舒法特储物柜，贴上更醒目的标签，使取放物品更加高效。随着玩具数量的减少，因"找不到"而重复购买很多玩具的问题迎刃而解。

开放式玩具柜看似对孩子友好，方便取放物品，但在实际使用中稳定性稍差，每个盒子都极易翻倒，导致越收越乱，于是孩子不愿往里面放玩具，最后只能闲置。精简玩具后，蔺女士果断舍弃了开放式玩具柜，让"区"的整理效率提升、"域"的外观更加整洁。不过，玩具区域仍需用一个柜子起隔断作用，于是孩子们使用得越来越多的绘本架就"登场"了。

通过规划整理，蔺女士明确了孩子的玩具喜好，不但实现了"精简"的目标，还令今后的玩具添置更有针对性，不容易因买错导致浪费。Miss 包整建议蔺女士后续实施

"进一出一"模式，控制现有的玩具收纳空间不再扩充。

经过一段时间的磨合调整，蔺女士现在每天只花 10 分钟就可以完成玩具整理，大大超出了预期。蔺女士和孩子对现状都很满意，玩具收纳柜溢出的只是欢乐而不是过多的玩具。

03　整齐不等于高效和方便

第一次到董女士家看到她委托整理的衣柜时，规划整理师美玲和搭档心里充满了问号："挺整齐的呀，为什么还要整理呢？"

带着疑问，美玲对董女士进行了深度咨询。原来，董女士的痛点并不是觉得衣柜乱，而是她为了维护衣柜表面上的整齐需要花费大量的时间和精力。

董女士是一名牙科医生，每天的工作都安排得满满的，她想要在休息时静下心看看书、练练毛笔字，可她往往要花上一整天的时间将衣服归整到衣柜里，等整理结束，她已经累得提不起兴致去做任何事情了。即便如此努力整理，衣帽间仍让她感觉不好用，想穿的衣服总是无法轻易找到，搭配衣服的小物品也不知被塞到哪里去了……日积月累，这种低效又费时的整理让她觉得非常压抑，于是她希望专业的规划整理师能帮助她找到解决方案。

咨询结束后，美玲很快制定出规划整理方案。其实，困扰董女士的正是典型的表面整齐但因内在分类逻辑混乱、定位和收纳方法不合理导致整理低效的问题。

在设计规划方案的过程中，美玲首先根据董女士的空间使用体验将衣帽间细分为

运用四分法帮助董女士筛选衣物

"黄金区域"和"非黄金区域",然后根据董女士的穿着需求和习惯选择衣物筛选方法,最后将高频使用和喜爱度高的衣物定位在"黄金区域",低频使用和喜爱度较低的衣物、换季衣物则放在"非黄金区域"。

在动手整理的过程中,美玲引导董女士运用四分法筛选出很多"不喜欢不常穿"的衣物,并且用"休息日常穿""工作日常穿""喜欢不常穿"的标准帮助董女士将留下的衣物分成三类。如此一来,董女士只需将同类衣物集中摆放在衣柜里,平时打理高频使用衣物收纳区就可以了。

在整理过程中,美玲教给董女士各种有效的衣物收纳方法:直立折叠法、围巾卷筒法、枕头打包法。

把所有衣物放入衣柜以后,美玲在每一个区域的侧面贴上对应的衣物标签,帮助董

美玲正在演示直立折叠法

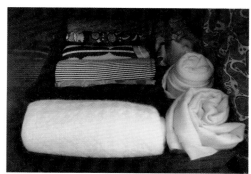

围巾卷起来后集中收纳在一处

使用枕套打包法收纳了7套床上四件套

女士准确、快速地完成日常衣物管理，避免复乱。

从一开始无从下手到经过美玲的引导慢慢明白规划整理的内在逻辑，董女士在整理过程中连连感慨："果然专业的事要交给专业的人去做啊！"

在整理结束后的回访中，董女士告诉美玲衣柜一直维持得很好，她终于有时间看书、写字了，最神奇的是她的心情变好了，还瘦了几斤。

用标签对衣物进行定位

BEFORE

AFTER

董女士的衣柜整理前后图虽然对比不强烈，但内在整理逻辑的顺畅仍让董女士感受到了不一样的生活状态这就是规划整理的魔力，总是能带来很多意外惊喜！

很多人经常会因为看到颇具冲击性的整理前后效果对比图，觉得自己的强迫症、焦虑感瞬间被治愈，不由得发出惊叹："哇！这整理前后的对比也太强烈了吧！这才是整理该有的样子！"虽然董女士的衣柜整理前后对比图的视觉冲击力并不强烈，但由于在内在逻辑上进行了有效的规划整理，董女士仍然能感受到非常不一样的生活状态，而这正是整理的意义！

04 储物间不是堆积物品的垃圾场

很多人都有一个想法："家里杂七杂八的物品无处安放，要是有个储物间就好了！"不过，梦想是美好的，现实却是残酷的——有了储物间，家里就不乱了吗？

曹女士家有一个储物间，随着几次搬家后各种物品的不断混放堆积，没有经过规划、整理、分类、定位的储物间就变成了无处下脚的垃圾场：一堆购物后留存的塑料袋、曹女士从各地旅行背回来的漂亮茶具、曹女士的先生喜欢的艾灸工具、亲朋好友送的伴手礼、采购回来的生活用品等杂乱无章地堆放着，就连洗漱池也因堆满物品而彻底闲置……

在沟通整理方案时，睿小姐发现虽然曹女士对储物间里堆放的各种箱子了如指掌，知道里面装的是什么，但由于堆放的物品太多，加上没有进行分类，不好找也不好拿，她索性放弃翻找，重新购买需要用到的物品，不仅导致许多物品过期，而且导致储物间无法正常使用。

整理时，从储物间里拿出来的生活用品堆满了餐厅

整理时，从储物间里拿出来的洗涤用品占了半个厨房

整理时，从储物间里拿出来的收纳用品、茶具、各种纸袋占了半个客厅

整理前，储物间内堆放着塑料袋、茶具、艾灸工具等 整理后，洗漱池恢复原来的面貌，可以正常使用了
杂物

每个人都希望自己的家整洁有序，即使是储物间，也是需要整理、分类和定位的。曹女士说她想让储物间变得整齐、漂亮，物品分类清晰、好拿好放，她还特别想把自己喜欢的茶具全都展示出来："这些茶具都是我喜欢的物品，所以我才不辞辛苦地从各地背回来。虽然平时不用，但我希望可以随时看看它们，让心情变得美好。"

睿小姐按照曹女士的想法并结合曹女士和先生的惯用脑型、使用习惯、生活方式，为储物间做了区域划分，主要分成四大区域：

第一个区域：洗衣区。在洗衣机上方的铁架上摆放各类洗涤用品，保证动线最短。

第二个区域：小物品区。利用原有的收纳架摆放曹女士的先生喜欢的艾灸工具、收纳袋、刀具、瓷器等小物品，一目了然，好拿好放，易于复位。

第三个区域：食品区。收纳备用的米、面、油等，存货数量清晰，便于及时补充，

整理前，采购回来的洗涤用品全部放在洗衣机上，锅具还堵住了储物间的门

整理后，常用的洗涤用品放置在洗衣机上，其他生活用品集中收纳在吊柜里，小物品则有序地摆放在开放式收纳架上

整理前，没有经过整理的物品随意堆放在储物间里

整理后，储物间里的各类物品都有了自己的固定位置，不仅整齐有序，而且好拿好放

整理后，曹女士喜欢的各类茶具展示于客厅
的酒柜里

也避免过期。

第四个区域：工具区。收纳各类常用生活工具。

看到储物间大变身，曹女士和先生都非常开心。这就是规划整理的魔力——整理物品的同时也整理了人的心情，把人、物品、空间的关系处理得恰到好处。其实，这也是规划整理师的初衷——把"以人为本"的规划整理带给更多人。

PART 4

不愿意扔物品也可以进行规划整理

物品取舍对大部分人来说是一个难题。有的人没有定期清理物品的意识或习惯；有的人因旁人劝说扔物品而产生抵触心理，甚至不想面对物品、不敢做整理；有的人不想以"是否实用"为标准对具有纪念意义的物品进行取舍……

其实，扔物品不是整理的必选项。规划整理开辟了一条新路——即便不愿意扔物品，也可以把不常用的物品集中起来分类存放，节约、美化家居空间。

物品取舍的决策权理应在自己手里，强迫他人扔物品亦不可取。"以人为本"的规划整理师对有整理需求的客户的影响和陪伴往往是"润物细无声"的，如此一来，在整理启动以后，客户便能主动直面物品取舍难题。

01　不想扔物品的三口之家

第一次到傅小姐家，规划整理师晓禾有点蒙圈：傅小姐的先生的爱好也太多了吧！茶艺、陶艺、手工、乐器、健身、游戏、养狗、种花，还有一个占地 1.2 ㎡ 的超大鱼缸……每一种喜好"衍生"出来的物品加在一起，绝对不是一个小数字！

当然，傅小姐本人也有非常多的物品：衣服侵占了先生的衣橱，鞋子出现在家里的

整理前，鞋子被乱塞到次卧的角落里，打包好的被淘汰的衣服、被褥仍然堆放在地上

整理后，50 多双分散的鞋子被集中收纳到次卧的收纳箱里，打包好的淘汰物品也被及时流通出去

整理前，衣橱规划很不合理，"黄金区域"放置非当季冬装，当季夏装则叠放在层板区，不常用的被褥占据下方太多空间，使用起来非常不便

整理后，将不常用的被褥放入衣橱顶部的箱子里，留出足够的空间打造四季分明的衣橱；衣物以悬挂为主，既能方便取放，又能增加收纳空间

各个角落，各种化妆品堆满了洗漱池台面……

　　傅小姐的孩子像爸爸一样爱好众多，房间里摆满了他收集的小玩偶、小瓶子、运动器械，甚至堆放了许多球鞋。关键的问题是，这些物品都没有进行分类，也没有固定位置，看起来非常凌乱。

整理前，没有进行分类的清洁用品、洗护用品和化妆品随意堆放在卫生间里，每次都要到处翻找，使用起来极为不便

整理后，将收纳用品更换为透明收纳柜，分类摆放各种物品，卫生间清爽许多

整理前，客厅容纳了傅小姐
的先生的众多喜好，物品多
得快要"溢"出来

整理后，在客厅打造出茶饮区、工作区、手工区和公共区

整理前，儿童房的各种台面上堆满了杂物

整理后，将儿童房划分为学习区和休闲区，桌面无物让学习变得高效，喜爱的小物品则集中放在书橱内

看来，这个家的物品不仅量多，丰富度也非比寻常，之所以混乱，是因为空间容纳不下了。不想扔物品是一家三口共同的诉求，但也是这个家的困惑所在。于是，晓禾根据每个家庭成员的特点做了不同的规划整理方案。

在陪伴傅小姐整理个人物品时，晓禾不停地发问："那么多衣服、鞋子是你需要的吗？""那么多玻璃杯、玻璃瓶是你喜欢的吗？""那么多不被使用的物品你都需要保留吗？"……

在整理过程中，奇妙的事情发生了：一开始口口声声说不扔物品的傅小姐全程都在扔物品，把"不会整理"挂在嘴上的她还细致地为衣物进行分类、精心规划、调整家里的每个角落。

整理客厅时，晓禾将与傅小姐的先生的爱好相关的物品全部分类摆放到客厅，经过规划整理收纳，这些物品不再是全家人的困扰，而是能给家人带来能量的欢乐源泉：当先生在手工区做手工、弹吉他时，其他人可以在茶饮区边喝茶边欣赏，一派其乐融融。

整理儿童房时，晓禾尊重孩子的审美：喜欢各种鞋子，那就让鞋子成为亮点；喜欢收集有趣的小瓶子，那就把它们展示出来……晓禾想让孩子每次进到自己房间时心情都是愉悦的，她也确实做到了——据傅小姐反馈，当住校的孩子周末回家走进自己房间时，惊喜立刻挂满面庞！

经过 22 个小时的整理，从咨询到采买再到上门操作，环环相扣、步步衔接：商讨每一处空间的整改方案，推敲每一个尺寸细节，采买合适的收纳用品，对物品进行取舍、分类、收纳和整理，透过物品对使用者进行审视……可见，规划整理的确不是一件简单的事情。

其实，规划整理就是用规划思维去做整理，它不是单纯的收纳，更不是简单的保洁，它就像用一把细齿梳将家里所有物品仔细梳理了一遍，从此一团乱麻变得井井有

整理前，儿童房的开放式收纳架上堆满杂物，衣物被胡乱叠放在衣橱内，鞋子放在原包装盒里不便寻找

整理后，将孩子最爱的鞋子放在统一的透明鞋盒里展示出来，衣物以悬挂为主、直立摆放为辅

条，物品变得条理清晰，家居变得清爽有序，更重要的是人发生了变化——每一个家庭成员的内心都生出了对生活的热爱、对自我的肯定……

愿每一个居住者都能通过规划整理收获一个整洁有序的家、一种清爽惬意的生活方式、一段更加美好的人生！

02 "不是所有的鱼都会生活在同一片海里"

Q 妈是规划整理师轻松姐的老客户，之前请轻松姐对家中的衣柜和厨房进行规划整理后觉得很满意，这次希望轻松姐帮忙整理孩子的书房，扔掉孩子从幼儿园时期就开始积攒的旧物，让书房变得整齐有序，不再凌乱。

Q妈的孩子小Q上小学六年级，正在备战紧张的小升初考试，每天放学回家吃完晚饭就进入自己的书房埋头苦读。书房里有两个书架，上面的书籍、文具和杂物不仅数量众多而且杂乱无章。小Q一直不让Q妈进入书房帮忙整理，就是担心Q妈扔掉自己想要保留的旧物，母女俩还曾为此争吵过几次。

确定书房的使用人只是小Q一个人后，轻松姐在动手整理之前与小Q聊了半个小时，发现小Q最关注的不是整理步骤，而是轻松姐会不会扔掉书房中那些妈妈认为早该扔掉的旧物。小Q认为，既然轻松姐是妈妈请来的整理师，那就一定会按照妈妈的想法去整理，不管她想不想保留，轻松姐都会扔掉那些妈妈觉得没用的旧物。

在交谈中，小Q说了一句令轻松姐至今印象非常深刻的话："不是所有的鱼都会生活在同一片海里。"看着小Q倔强的小脸，轻松姐想到了自己上小学三年级的孩子，虽然还小，但也有了独立自主的萌芽意识和小小的叛逆心理，所以她非常理解小Q对不扔旧物的坚持。

轻松姐告诉小Q："并不是非要整理得像样板间那样才是好的整理。"规划整理是"以人为本"的，它不是千篇一律的标准化操作，而是与居住者的思维方式、生活习惯息息相关的个性化整理，好的规划整理会让居住者在家居空间中节省时间和精力，提高生活效率和质量。

在轻松姐和小Q谈话的过程中，Q妈不停地进出书房端茶送水。听到轻松姐提到规划整理"以人为本"的理念，Q妈当即表示这次书房整理她不仅不会过多参与和干涉，而且完全尊重孩子的想法，让轻松姐带着孩子自在地整理。

经过沟通，书房整理非常顺畅。轻松姐和小Q先一起清空书架，对书籍和物品进行分类和筛选。在筛选过程中，轻松姐没有过多地给予建议，而是让小Q自己判断哪些旧

整理前，书房的书桌上堆满书籍和杂物，几乎没有学习的空间

整理前，桌面书架上的书东倒西歪，而且摆放的杂物过多

整理后，桌面书架上的学习用书和文具都按类别有序摆放

整理前，落地书架上的书摆放无序，还有很多书堆放在地上　　整理后，落地书架主要用来放参考书、辅导书和课外书

物已经完全没有使用价值而且纪念意义不大。最终，小 Q 果断地决定将这些旧物挑选出来扔掉或流通。

然后，轻松姐和小 Q 一起重新规划了两个书架的收纳空间布局。桌面书架主要用来放学习用书，将工具书放在书架顶层不常用的区域里，将常用的练习册和习题集放在书架的中间区域，文具也分门别类地放在书架的右边收纳格中。落地书架主要用来放参考书和辅导书，原本堆放在地上的一些课外书则被放到了书架的最下层。

最后，轻松姐帮小 Q 选了一个漂亮盒子，将她珍藏很久的、具有纪念意义的心爱物品放了进去，摆在了书架的一角。看着清爽的桌面和整齐的书架，小 Q 觉得很有成就感，一再感谢轻松姐帮忙整理书房。

一周后，轻松姐询问整理反馈意见，Q 妈说："很好，书房整齐多了，不再像以前那样乱作一团了。最神奇的是孩子说整理书房后，学习压力好像减轻了一些！"

03 妈妈送的 42 床被子成了甜蜜负担

"我们家的被子有点多，但一床被子也不能扔，这些都是妈妈给我的。"初次上门做咨询时，曹女士对规划整理师睿小姐这样说道。

为什么会有这么多被子？经过咨询，睿小姐了解到这是一种地方风俗。由于"厚被"的谐音是"后辈"，家里的孩子成家立业时，长辈们就会准备被子给后辈夫妻，后辈家里的被子越多，福气就越多。

曹女士家里不仅有结婚时的被子，还有父母不定期送来的新被子。曹女士解释道："家里的老人担心我们在外辛苦，总想给我们最好的，每年都会用当季棉花给我们缝制新被子，而且我们老家的风俗是不扔被子，我们搬了几次家，这些被子就跟着我们搬了几次，每次搬完家我都不知道要把这些被子放在哪里。"

随着被子的数量越来越多，曹女士的"甜蜜负担"也在不断增加。在曹女士的家里，到处都是被子，有的放在阳台椅子上，有的放在衣橱里，有的放在床上，还有的放在床底地柜里……曹女士的收纳方法就是哪里有空间就塞到哪里，哪里顺手就放到哪里。其实，曹女士对这样的状况是焦虑的，如何收纳好这些代表长辈们的爱和祝福的被子，成了她的心病。

经过沟通，睿小姐为曹女士规划了被子收纳方案：把彻底不用的被子全部平铺叠放在次卧床底地柜靠里的空间，因为这个位置不好取放物品，使用频率不高；暂时不用的被子按使用人、使用频率直立叠放在次卧床底地柜靠外的空间；曹女士夫妻二人正在使用的被子则按照厚度做好换季整理，夏季把薄被子叠放在主卧床上、厚被子直立叠放在主卧床底地柜里，冬季再进行调换。

整理时，睿小姐清点了曹女士家被子的数量。一数吓一跳——42 床被子！最终，一

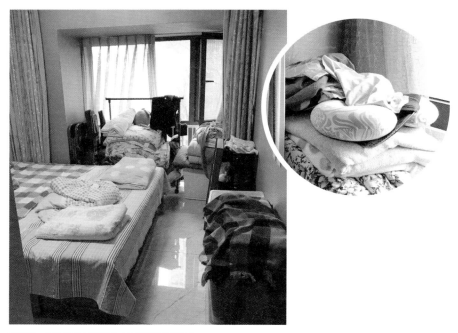

整理前，主卧的床上和阳台上叠放着很多被子

整理后，暂时不用的被子被直立收纳到次卧床底地柜的靠外空间里，拉开床板就可以取放

整理后，主卧阳台空了出来，曹女士放置躺椅的想法终于可以实现了

整理前，衣橱的大部分空间被不用的被子占据，就像 整理后，添置挂衣杆的衣橱恢复了挂衣功能
一个杂物柜

床被子也没扔，全都收纳齐整。曹女士感叹道："以前我只知道家里的被子多，但并不知道具体数量。通过这次整理才知道居然有那么多！接下来，我要考虑如何跟长辈沟通，告诉他们家里的被子足够用了，不用担心我们的生活……"

空间篇
解决空间疑难杂症

　　不少人认为所有的整理收纳问题都可以用换一套更大的房子来解决。其实，从专业的规划整理角度来看，空间是否充足，不仅是面积的问题，更是收纳容积率的问题。

　　对一般家庭来说，收纳容积率至少要占整个家居空间的12%，才能算是一个能"装"的家。在此基础上，房间功能区是怎么规划的、采买的家具是否合适、家具内部格局如何、有没有选用合适的收纳用品、折叠摆放方法是否足够高效，综合决定了一个空间能不能"装"。

　　随着房子越住越久，一些空间可能就会失去当初的定位，成为不合理空间和"鸡肋"空间，运用规划整理技巧可以恢复这些空间应有的使用功能。

　　在本篇手记中，你可以看到针对小房子的有限空间如何做好功能规划，让一家人住得舒舒服服；也可以看到针对大房子存在的整理收纳难题，如何运用规划整理的相关方法和技巧来解决。

PART 1　房子小更要重视功能规划

　　房子的建筑面积小、户型差、装修时没有规划好、精装修浪费空间、没有买到合适的家具……这些都是当前我国家庭比较常见的整理收纳问题。

　　对常见的三代同堂带娃家庭来说，居住面积小，意味着每个空间都要"身兼数职"，而在我国的户型设计中，厨房普遍偏小，但家庭常住人员又多爱囤吃的喝的，导致储物空间常常爆满……此时，规划空间功能、进行整理收纳就变成家庭的刚性需求。

　　一起来看看，规划整理师如何运用规划整理方法在小空间里做大文章。

01　打造"老破小"的 12 ㎡ 客餐厅玄关

　　如果不是为了让两个孩子入读更好的小学，关先生是绝对不会放着自己在五环旁的复式花园洋房不住，与岳父、岳母、妻子、两个儿子搬进这套二环旁的 64 ㎡"老破小"学区房的。

　　这套"老破小"体现了我国 20 世纪末的建筑设计风格——大卧室、小厅堂，没有进行专门的玄关区域规划。如此一来，关先生一家六口在面对储物、用餐、孩子活动等问题时难免感到空间局促。

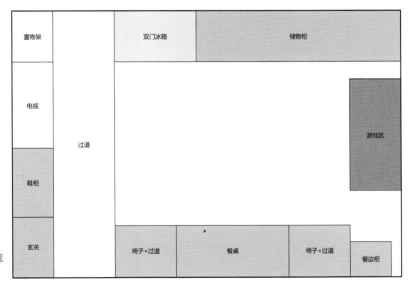

置物架		双门冰箱	储物柜		
电视	过道				游戏区
鞋柜					
玄关		椅子+过道	餐桌	椅子+过道	餐边柜

关先生一家选定的规
划整理方案示意图

1│2

1 整理前，客厅西侧的无靠背沙发床用来堆放杂物

2 整理后，整墙收纳柜让客餐厅变得整洁清爽

1 | 2

1　整理前，客厅东侧不大的圆形透明餐桌成为杂物堆放区

2　整理后，实木大桌子取代了圆形透明餐桌，连 3 岁的弟
　　弟都主动到桌子上学习，可见环境有多么重要

　　一边是为了两个儿子的未来而选择的"教育升级"，另一边是不得不承受的"消费降级"。对此，关先生认为既然为了孩子的教育不得不在未来几年内都蜗居在这套小房子里，那就干脆改进空间规划，于螺蛳壳里做道场，获得更好的居住体验。规划整理师 Coco 便成了关先生改变生活状态的希望。

　　正如人生所有问题都源于欲望太多而能力太小，所有整理收纳问题都源于需求多而空间小。关先生家的问题也是如此。Coco 对关先生家进行了实测，整个客餐厅兼玄关区域的面积为 11.78 m^2，长度为 3.8 m、宽度为 3.1 m，用来承载一家六口的需求确实不堪重负。

　　客厅西侧是一张沙发床，因为没有靠背几乎没有人坐，上面经常堆着家人随手丢放的物品。客厅东侧是让家人对吃饭这件事开心不起来的罪魁祸首——餐桌，由于客厅缺少摆放物品的空间，圆形透明餐桌上不得不堆满食品、纸巾、水杯等物品，餐桌本来就小，物品还占了不少空间，一家六口根本无法同时围坐，只好分批上桌吃饭。

整理前，客厅南侧入口处塞满了杂物

客厅南侧入口处可谓乱七八糟：由于缺少玄关，关先生只能在这里"塞进"一个架子，用来放置衣服、鞋子和各种杂物；由于厨房太小，冰箱也只能放在这里。每天关先生回到家，第一眼看到的就是杂乱无章的场景，心情自然大受影响。

为了更好地了解全家人对生活空间的需求，Coco 与关先生一家六口逐一进行沟通，分析整理出他们有以下刚需：关先生觉得很多物品没有地方放，希望增加储物功能；关太太希望每一餐全家人都能在一张桌子上吃饭；姥姥觉得衣服没有地方放，希望有一个衣柜；姥爷想要一个双门大冰箱和能让客人坐的沙发；大儿子想要有一个能专心学习、

整理后，用收纳力惊人的"大鞋柜 + 鞋凳 + 挂钩"组合打造出一个简单好用的玄关

写作业的地方；小儿子没有说话，只是专注地玩着手里的小汽车。

那么，这个不到 12 ㎡ 的空间能满足关先生一家人的全部需求吗？

互联网产品经理常说的一句话就是"要尊重用户的需求，但用户的需求并不是真正的需求"，规划整理也是一样的道理——只有给出超越用户需求的解决方案，才能得到满意和惊喜。

其实，关先生一家六口提出的都是表层需求，并没有真正意识到自己需要的是什么，而这正是 Coco 的工作：通过反复沟通，帮助客户发现自己的真实需求。

比如，讨论客厅里是否需要放沙发时，Coco 一连发问："家人在客厅时会坐在沙发上吗？""一年中有几天会有客人到家里做客呢？""需要为仅存在可能性的稀客准备沙发吗？"……因为空间实在有限，关先生一家最终做出了"不需要"这个决定。

个性化的规划整理定制方案不仅需要规划整理师具备丰富的经验，还需要规划整理师具有足够的耐心与客户进行反复沟通与磨合。结合关先生一家六口的实际需求和客餐厅的收纳空间，Coco 提出三个方案。经过思考与讨论，关先生一家选定的是注重亲子关系的"储物墙 + 大餐桌"方案。

这个方案打动关先生一家的亮点是在客厅北侧靠窗区域预留了一小块面积作为游戏区，可以放置一块地毯供 3 岁的小儿子玩耍；在客厅西侧打造占据一整面墙的收纳柜，可以同时满足收纳姥姥的衣服、姥爷的双门冰箱、孩子们的书和餐区物品的需求；在客厅东侧放置一张大餐桌，兼具就餐、学习、游戏功能，可以利用就餐、学习和玩耍的时间差来解决空间不足的问题。

不过，即便是被关先生一家人一致认可的方案，在执行中也做了一次调整：大餐桌的尺寸变得更大，放弃了原有设计中的餐边柜。

还记得客厅西侧那张逼仄的沙发床吗？现在，这面墙上安置了整组收纳柜，右侧衣柜用来给老人收纳衣服；中间柜子兼具餐边柜和储物柜的功能，7 个抽屉可以满足分类收纳小物品的需求；左侧预留了充足的空间，就等姥爷的双门冰箱到位了。

客厅东侧那张老旧的圆形透明餐桌被一张实木大桌子取而代之，成为一家人吃饭、哥哥学习和爸爸工作的家庭核心区。

客厅南侧的冰箱移走后，一组大鞋柜出现在了这里。大鞋柜的左侧放置了鞋凳，可以让老人和孩子坐着穿鞋。大鞋柜下方特意做成"短一截"的设计，露出的两层用来放经常穿的鞋。可不要小看这两层，如果不把它们露出来，很快就会因为家人懒得开关鞋柜门而出现满地是鞋的混乱场景。由于关先生要求保留原有的电视和置物架，它们被放在了大鞋柜的右侧。

目前，这个方案已经使用了 3 个月，关先生全家都表示非常满意，就连老人都打消了之前的担心和顾虑。关太太笑道："改造之后，家里整齐多了。"关先生说："这就是我想要的家。"

坦白来讲，生活习惯的改变绝非一朝一夕可以完成，但经过规划整理，全家人可以一起吃饭，两个孩子可以一起学习和玩耍，这就是一个好的开始。可见，不必为了家里人多空间小而烦恼，只要规划得当、心中有爱，就会拥有一个幸福的家。

02　阳台变身 5 m² 儿童多功能区

两年前，林女士的女儿一家从澳洲回国生活，林女士便将市中心一套小两居重新装修给女儿一家住。如今，林女士委托规划整理师 Mikki 为孙女的儿童房进行空间规划和

整理前，阳台用来堆放杂物、晾晒衣服，闲置鞋柜、木梯则被用来充当防护栏

精心布置。

林女士孙女小 N 的儿童房只有 7 ㎡，放置了床、衣柜和多功能书桌后，几乎没有空间能供小 N 玩耍。俯瞰整个空间后，Mikki 发现房间的学习区、玩乐区和睡眠区挤在一起且有所交叉，书本和玩具都用收纳箱装着零乱地堆放在地上，这意味着小 N 在学习和入睡时随手就能拿到玩具。在咨询过程中，Mikki 问林女士小 N 是否存在学习容易分心或者入睡困难的问题，林女士给出一个肯定而又无奈的眼神。

在整理小 N 的书本时，由于书本的数量已经远远超出书桌的收纳空间，林女士提议将大部分课外书放置到阳台上一个已经闲置的鞋柜里。和林女士一起来到阳台时，Mikki 发现斑驳的围栏、陈旧的瓷砖与新装修的客厅格格不入。林女士解释说她当初特意没有装修阳台，将其专门用来放杂物和晾衣服，以此来阻挡孙女靠近围栏，避免发生危险。

Mikki 听后，决定把阳台改造成多功能区，并立刻画了一份手稿，林女士看过后爽快地同意了改造方案。随后，Mikki 与林女士一起到把阳台和客厅打通的邻居家参观并进行头脑风暴。最终，林女士决定拆除阳台上的围栏，用白色边框落地窗将阳台外围封

改造时，拆除了客厅的落地窗和阳台上的围栏

改造后，成为小区邻居装修灵感的"阳台样板间"

闭起来，增强安全性；拆除原本隔开阳台和客厅的落地窗及其轨道框架，增强家居空间的连贯性和装修风格的统一性。

如此一来，打造出了一个 5 ㎡的空间！基于前期 Mikki 对小 N 全部物品的估算，这个空间不仅足够收纳小 N 的物品，而且足以为小 N 打造出一个集学习、阅读和玩乐于一体的多功能区。

改造后，阳台左侧放置了一组深度不超过客厅墙体厚度、高度与阳台围墙齐平的九宫格书柜——这样不会影响客厅的采光——用来收纳小 N 的所有课外书，儿童房的书桌上只放置小 N 的学习用书，大大提高了她的学习效率；阳台右侧放置了两个木制收纳箱，用来收纳原本放在儿童房里的玩具，在上面添置靠枕和皮质坐垫后，就成为舒适的座椅；阳台中间地面铺上了加厚地垫，放置了可折叠沙发和轻便小书桌方便阅读，需要玩耍或锻炼身体时将其移到客厅即可。

阳台上的儿童多功能区成为整套房子中自然光线最好的区域，无论是大人还是孩子，都能在里面沐浴着阳光欣赏窗外的绿草如茵、花团锦簇，享受着或动或静的幸福时光。

03　在 4 ㎡小厨房中爱上料理

武女士一家三口生活在 101 ㎡的三室一厅精装房里，房子户型方正，南北通透，各个空间的布局也比较合理。然而，这套房子有一个很多中国住宅的通病——厨房很小，仅有 4 ㎡。吊柜、地柜和消毒柜的储物空间加起来不到 1 m³，而且空间利用率不高——只有 3 个小抽屉，其余全是搁板，灶下柜和槽下柜甚至只有落地一层。

整理前，不常用的锅具、干货、案板被放到阳台角落里

整理后，在阳台上添置四层收纳架，用来放置大件厨房物品

然而，厨房的物品最是繁杂。厨房再怎么小，一日三餐所需要的食材、炊具、餐具等却一样都不能少：米面粮油、盐醋酱料、锅碗瓢盆、小家电、杯子茶具、洗碗巾、锅刷子、抹布、洗洁精、烘焙用品……这些物品挤爆了武女士家厨房仅有的储物空间，于是，塞不下的物品只能堆在台面上，实在没地方放的锅具、干货等只好堆放到旁边的阳台上，与生活用品挤在一起。

每次备餐不是需要腾挪物品就是得挤在一堆物品里艰难进行，做饭的兴致就这样被一片混乱的场景湮灭。后来，武女士不做饭只点外卖，最夸张时家里的外卖盒摞起来都能顶到天花板。

在咨询过程中，武女士告诉规划整理师李婷婷，她的愿望是在井井有条的厨房里轻松自在地给家人准备饭菜，她非常想亲手给女儿做可口的一日三餐。

整理前，灶台上的物品满满当当，就连油烟机上方都塞放着物品

胡乱堆放的调料挤爆了抽屉

灶下柜只有落地一层，空间利用率不高

整理后，每餐必用的油盐酱醋收纳在灶下柜里，做饭时整盒端出即可

备用餐具、小工具等收纳在第二层抽屉里，用分隔盒进行分类定位

在茶几上对所有调辅配料进行简单分类

敲定规划整理方案后，整理行动正式开始。现有的厨房空间太小，放下所有厨房物品是根本不可能的，而且自入住以来，武女士从未做过整理，橱柜深处堆积了很多长久不用的物品，于是李婷婷带着武女士逐一对物品进行筛选，将厨房所有物品集中在客厅里进行简单的分类。

武女士的厨房物品价值观是物品会不会被使用。有了清晰明确的价值观，再运用物品分类四象限法，武女士很快就筛选完所有的厨房物品，并将近1/4的物品流通出去。

很多人在筛选物品时难以抉择，或者因为物品好看而不愿舍弃，或者因为物品是新的而保留下来，或者因为物品是别人送的即便不用也不好意思扔……其实这都是物品价值观不清晰的表现。只有明确自己面对物品时的价值观，才能保证经过筛选留下来的物品是真正需要的。

筛选完毕，就要给所有留下来的厨房物品找一个"家"，这就需要解决厨房空间小的问题。对此，武女士提出一个要求：不改动厨房的空间格局，尽量少添置收纳用品。

虽然物品减少了近1/4，但收纳空间实在太小了，不改动空间格局的话，空间利用率提不上来，要放下现有的物品还是很困难。于是，李婷婷把目光转到了阳台。经过整理，2 ㎡的阳台变得非常清爽，在靠窗位置添置一个四层收纳架后，不常用的锅具、小家电、米箱、面箱等大件物品就有了容身之处，相当于用低成本打造了一个小型储物间。

解决了大件厨房物品的收纳问题后，李婷婷根据武女士的使用习惯和厨房物品的使用频率，将每餐必用的油盐酱醋统一放入白色收纳盒收纳在灶下柜里，做饭时整盒端出来，用完再放回去，避免了吸附油烟难清洁的问题。备用的大桶食用油、醋等也集中收纳在灶下柜里，快用完时不用到处找，直接拿出替换即可，非常方便。

调辅配料、备用餐具、垃圾袋、抹布等小件物品经过分类后放入相应的分隔盒，根据使用频率依次收纳在灶台左边的 3 个抽屉里。干货、杂粮、豆类等放入统一的透明收

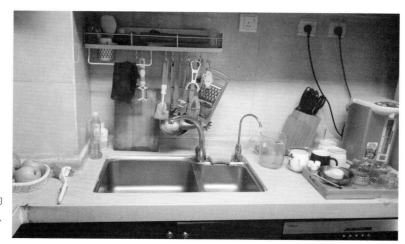

整理前，本就窄小的
操作台被刀具、茶具、
烧水壶占满

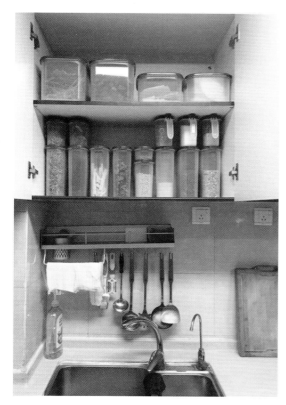

整理后，干货、杂粮、豆类等用统一的透明收纳盒
定位在槽上吊柜里，保证使用动线最短

整理后，清爽有条理的厨房让人有了做饭的兴致，用来放置烘焙工具的透明收纳箱则时刻提醒武女士要抽空陪女儿烤制美食

纳盒收纳在槽上吊柜里，保证备餐时取放、清洗、浸泡的动线最短。洗菜盆、洗涤用品等则收纳在槽下柜里，使用方便又不怕潮。保温桶、杯子、茶叶、冲饮等收纳在操作台上方吊柜里，上层放置不常用的，下层放置经常使用的。

烘焙工具和烤箱因为使用频率极低被放在了冰箱上方，虽然很少使用，但武女士希望有空时能和女儿一起烤制美食。于是，李婷婷帮武女士选购了透明收纳盒来装烘焙工具，用可视化收纳方式提醒武女士努力实现自己的烘焙愿望。

经过4个小时的整理收纳，厨房焕然一新，武女士抑制不住内心的激动，一个劲儿地拍照发朋友圈分享喜悦，还卖力宣传规划整理师。李婷婷准备离开时，武女士的父母正好来了，看过厨房后他们大呼："在这样的厨房做饭才得劲嘛！"

杂乱是什么？是我们通往幸福生活的障碍。愿每个人都能通过整理剔除障碍，过上自己理想中的幸福生活。

04　冰箱再也不会不够装

要评选家里的整理收纳重灾区，冰箱肯定能进前三名。有的家庭甚至因为一个冰箱不够用再买一个，但依然觉得冰箱空间不够用。

董女士就有来自冰箱的困扰。董女士家的冰箱是双开门的，按理说容量挺可观，可是由于董女士日常工作忙，无法每天采购，需要一次囤积一周的食材，还要存放长辈从老家寄来的特产，冰箱经常被挤得满满当当。久而久之，食物就因放在冰箱里太久而过

整理时，从冰箱冷藏区里清理出来
的食材摆满了近 4 米长的橱柜桌面

整理时，根据日常饮食习惯将冰箱空间分成 4 个存储区：新鲜食材区、腌制熟食区、冷冻生肉区、速冻食品区

整理后，冷藏区左侧摆放生鲜食品，右侧摆放辣椒酱、腌制食品和熟食，使用统一的透明收纳盒既方便取放食材，又增加了冰箱收纳空间

整理前，阳台左侧的地面被杂物
占满

整理后，将阳台左侧改造为休闲
区，可以边喝茶边看杂志

整理前，阳台右侧角落堆满杂物

整理后，阳台右侧被改造为公用
储藏区，添置了开放式储物柜

整理前，客厅被家具占满，无处下脚

整理后，客厅焕然一新，规划出亲子阅读和玩耍区

　　170 ㎡ 的大房子，为什么还是不够用呢？在长达 3 个小时的咨询过程中，小艾发现徐女士对自己和家人的需求并不清晰。比如，徐女士喜欢穿搭，但目前的衣帽间太小了，大部分衣服都只能胡乱堆放着，只有看得见的几件能被经常穿；徐女士的先生喜欢收藏烟、酒、茶、茶具，但这些心头好没有专门的地方进行收纳，全都堆放在书房里……

　　其实，这个家呈现出来的空间不够的问题，源于功能规划与家庭需求不匹配，是理想的生活方式与真实的家庭生活之间的较量。虽然房子空间大，但由于功能规划得不

整理前，餐桌沦为收纳台

整理后，餐桌恢复了原有的功能

好，有的空间没利用到位，太多物品没有放在合适的位置上，一家人也住得不舒服。

如何重新定义每个空间的功能，是这次规划整理的重点。小艾提供了两套方案供徐女士选择。

方案一：将书房改造成储藏间，添置一排可调整高度的置物架并加设帘子来收纳杂物，原来的书架则继续存放书籍。这套方案的优点是改动较小，花费较少，能解决藏品

整理前，堆满物品的厨房黯淡拥挤

整理后，厨房变身物品有序摆放的明亮宽敞空间

整理前，儿童房堆满杂物，动线不合理

整理后，儿童房整洁温馨，动线清晰

和杂物的收纳问题；缺点是没有彻底解决家人的需求，比如无法打造出徐女士想要的不用进行换季整理的衣帽间。

方案二：将书房改造成徐女士的衣帽间，原来的衣帽间则变为储藏间；将书架移至客厅，在客厅规划出亲子阅读和玩耍区。这套方案的优点是能够满足家人的需求，缺点是改动较大，需要增加和处理的家具较多，而且储藏间设在主卧内部，动线很长，需要按照公用私用和使用频率来决定收纳位置。

经过沟通，徐女士选择了第二套方案。如何让一家人住得更舒适显然对她更有吸引力。确定方案后，小艾团队着手采买工作，而徐女士开始处理不再需要的家具。

在整理过程中，当所有物品都被清理出来集中摆放时，徐女士几乎瘫坐在地："没想到我家有这么多物品！还好有你们，不然我肯定连塞都不知道怎么塞回去了。"随后，徐女士在小艾的引导下，筛选出不再需要的物品：不合适的孩子衣物、不再用的马桶盖、囤积多年的杂物……

整理前，衣柜被胡乱塞满衣物

整理后，衣柜的"黄金位置"用来悬挂衣物，叠放的衣物则被放入收纳盒

小艾团队的 3 个人持续整理了 5 天，有条不紊地安装、清空、改造、分类、筛选、收纳。5 天后，一个让人心动而又具有实用性的家就出来了。

通过这次规划整理，徐女士一家人找回了住在大房子里应有的舒适感和幸福感，每个人在这个家里都能得到放松和满足。可见，一个功能规划和家庭需求相匹配的家、一个整洁有序又宽敞明亮的家，在一定程度上能够帮助家人更好地相处和生活。

一周后，徐女士发来一条微信："微风吹来，享受静谧。孩子们刚刚睡下，先生在阳台喝茶看书，而我准备泡个澡好好享受一下！谢谢亲们的规划整理！"

02　在 240 ㎡ 房子中用 3 分钟就能找到物品？

黄女士找到规划整理师洛辰，说自己家急需专业规划整理师的帮助。

黄女士家是 240 ㎡ 的复式住宅，房子很大，收纳空间也不少，但由于缺少系统的规划和设计，物品放得特别散乱，平时想找个什么，在楼上楼下跑好长时间也找不着，她买了很多收纳工具，也无济于事。

黄女士说，她的需求就是整理之后，所有物品都有特定的位置，能让自己只花 3 分钟就快速找到要用的物品。也就是说，洛辰需要在 240 ㎡ 房子里打造一个专业高效、简单方便、可持续、可再现的收纳系统。

● 衣橱整理

黄女士家有一组占据整面墙的大衣橱和一个衣帽间，虽然购买了很多衣物收纳工具，但由于没有做好空间规划，黄女士和先生的衣服散放在各处。

了解黄女士和先生的生活习惯后，洛辰建议将夫妻二人的衣服分开放，大衣橱给黄女士用，衣帽间给先生用，而且两个衣物收纳空间都可以不进行换季整理。黄女士有些疑惑："能放得下一年四季的衣物吗？"

整理之后，整墙大衣橱不仅能容纳一年四季的所有衣物，就连常用的床品也能放进去，还留下了部分空间，以便后续灵活调整。黄女士激动地说："能拥有一个自己的专属衣橱真是太好了！我之前从没想过可以这样规划！这下，我的先生可以学着管理他自己的衣服啦！"

令黄女士惊喜的是，整理好整墙大衣橱和衣帽间后，大大的懒人沙发终于可以放出来，躺在上面看看书、刷刷剧；原本堆满衣物的榻榻米也被收拾得清爽干净，可以坐在上面惬意地泡泡茶、清清心。

● 厨房整理

黄女士家有两个厨房，楼上是西厨，楼下是中厨，中厨边上连着一个小吧台。这三个地方毫无例外地全堆满了厨房用品，甚至还有很多无关的杂物。经过规划整理，三个地方都只保留常用物品在桌面上，让人有了做饭的欲望。

● 客厅整理

平时下班回到家，黄女士和先生喜欢窝在大大的沙发上看电视、吃零食，结果一不留神，客厅就成了各式物品的储存地。经过规划整理，让它们去自己该去的地方，还客厅一个清爽的空间，这样就可以尽情放松啦！

● 玄关整理

由于原有的玄关太小，黄女士加做了一组玄关柜，既可以坐着换鞋，又可以挂衣服和包。其实，这个初衷非常好，玄关设计得也非常实用，但现在玄关柜里塞满了各种杂物，就连柜前的地上都堆满了物品。洛辰和黄女士一起把玄关柜清空，扔掉不用的袋

整理前，整墙大衣橱的空间利用不合理，显得杂乱无章

整理后，整墙大衣橱用来收纳黄女士的所有衣物，无须做换季整理

子，将不穿的鞋和不用的包流通出去，把常穿的鞋、常用的包放进去。

玄关柜是按照鞋子的深度设计的，虽然设置了挂衣杆，但无法放入常规衣架。由于黄女士不愿意拆除挂衣杆，洛辰便建议使用S钩。问题立马就解决了！黄女士还非常开心地挂了几个可爱的包上去。

储藏间、餐边柜、书房、洗衣房、餐厅……全屋整理完毕，洛辰清理出整整一屋子收纳工具。看来，规划整理不仅能节省购买收纳工具的钱，更能节省出价值百万元的空间。

整理后，大衣橱前的空地成为放　　　整理后，衣帽间的榻榻米恢复干净清爽
松空间

整理前，中厨的台面上放满厨房物品

整理后，中厨的台面上只保留常用的厨房物品

整理前，西厨的台面上堆满各种杂物，没有操作的空间

整理后，西厨的台面实现"无物"状态

整理前，吧台区堆满随手放置的杂物

整理后，吧台上只保留了必需品

整理前，客厅堆满杂物

整理后，客厅清爽宽敞

整理前，电视柜区域杂乱无章

整理后，电视柜区域清爽无物

整理前，玄关堆满杂物

整理后，玄关恢复了应有的储物功能

整理后，清理出来的收纳盒多到占满一间屋子

黄女士对整理结果非常满意，她说完全达到了她想要的效果，而且规划得非常符合她的习惯，她有信心绝对能维持好。拿到专业的整理报告后，她忍不住感慨，以前自己不知道家里有什么物品，更不知道物品在什么位置，每次找物品都要翻箱倒柜，现在不仅知道有什么物品，还知道物品具体在哪里，这种感觉真好。洛辰笑道："这就是掌控的感觉呀！"整理结束一段时间后，洛辰收到黄女士的反馈："一想到我那像样板间一样的家，我就心情愉悦呀！"

其实，不管住多大的房子，如果生活得不方便、不舒服，它就只是房子，而不是家。规划整理就像魔术，可以通过合理的规划引导客户梳理需求、整理物品、定位收纳、节省空间，让生活方便、高效、舒适。最重要的是，可以将一个冷冰冰、乱糟糟、满当当的房子变成一个具有生活气息、符合个人习惯、独一无二的温暖的家。希望更多人在自己心爱的家里拥抱舒适、幸福的生活！

03　用 600 ㎡ 的别墅放杂物？！

晚春的点点翠绿掩映着王先生的欧式别墅。寒暄后，王先生迫不及待地带规划整理师沐牧参观了他的家——一座拥有 7 间卧室、使用面积超过 600 ㎡、装潢极其华丽的 3 层别墅。

可惜的是，气派的门厅被几十双各式各样的鞋占据；一楼客厅的装饰品、艺术品被大量杂物和孩子的玩具抢了风头；衣帽间里的衣物杂乱混放，把每个收纳空间都塞得满满当当；各个橱柜里都堆满了日用品，家人经常找不到又去重复购买；阁楼储物间中摆着一箱箱多年不用的衣物、书籍和许多或过时或损坏的电器。

王先生说，他不知道几年前搬进来时宽敞整洁的房子怎么就变成了这个样子，而且时间越长就越感觉积重难返，所以只能向专业的规划整理师求助。

沐牧告诉王先生，这其实是很多别墅的常见状况，居住者误以为空间大装不满，习

整理后，在客厅规划出专门的儿童玩具区和阅读区，避免物品呈现杂乱状态

整理后，客厅使用桌面收纳盒，既可以进行有效分类，也方便在客人来访前随时收起来

整理前，衣帽间塞满了全家人的衣物　　　整理后，衣帽间分区明确，以悬挂展示为主

惯走到哪儿就随手一放一塞，等意识到物品太多时，整理量已经非常巨大，无论是精力还是整理技巧，都让人无从下手。

其实，很多整理问题的根源并不是物品太多或者缺少收纳技巧，更多的是理想与现实之间的矛盾。

王先生说，自己的整理心愿是拥有一个有品质的家。鉴于别墅的空间足够宽敞，沐牧建议规划出泾渭分明的多个功能区，尤其要建立专门的储藏区，减少日用品外露，增强装饰品和艺术品的展示效果，还要保有一定的留白和余地，方便今后调整物品位置或补充物品种类。

面对客厅茶几上摆放着各类杂物、抽屉里藏着过时不用的座机和光盘、铺了一地的儿童玩具等让人头大的场景，沐牧引导王先生根据一家人的生活习惯将物品分为四类：随时使用的物品、客厅储藏物品、阁楼储藏物品、必须舍弃的物品，分门别类地收纳到相应的位置，并设置了专门的儿童玩具收纳区，基本实现了桌面无物、内部有序、凸显装饰品的效果。

整理前，气派的门厅被鞋塞得满满当当，甚至还有很多已经磨损、变形的拖鞋

整理后，门厅只保留家人常用、喜欢的鞋，客用、过季的鞋则被放入储藏室

　　王先生全家的衣物散落在各处：经常穿的衣物混在一起，挤在衣帽间里；门厅和客厅都有随手放下的外套和帽子；阁楼中有许多装满衣物的大行李箱，有的甚至装满十几年前的衣物……每一个空间都杂乱得无法呼吸。

　　沐牧让王先生一家把各自的衣服集中起来进行筛选，并建议他们除了考虑喜

整理后，书柜按照阅读对象和频率
进行了分区，方便查找取

整理后，将食材进行大致分类，并统一贴标储藏

欢、常穿之外，还要考虑款式、材质是否符合当下的身份地位和生活品质。在不同的衣帽间中，沐牧将王先生、王太太和两个孩子的衣物根据不同季节、功能规划了清晰的分区，衣橱的隔板全部改为挂杆，以悬挂展示为主、直立折叠为辅，让挑选衣服如逛精品店一样简单，同时也免去了反复整理的麻烦。此外，沐牧在阁楼打造了一个展示区，用来收纳王太太的婚纱、礼服、昂贵但不常用的服饰与包包，不占用衣帽间的宝贵空间。

在尊重王先生一家生活习惯的基础上，沐牧也对门厅、书房、厨房等空间进行了规划和改造。整理结束时，王先生感慨道："没想到我家可以立刻变得这么清爽！"

两周后，王先生给沐牧发了在别墅为孩子举办生日派对的照片，一切就像电影中那么精致。他说："谢谢你的帮助，让我们有了如此美好的时刻！"

PART 3

让空间重新焕发光彩

空间是宝贵的。如果说家是心灵的港湾，那么空间就是生活的容器。

在户型设计中，哪怕是一个小小的空间，最初都会有一定的功能规划。然而，在实际生活中，居住者往往是身处哪个空间，就会在那里无意识地堆放物品。

环顾一下你的家，是否也有空间被无意识地变为杂物间？这个时候，你就需要运用规划整理来让空间重新焕发光彩了。

01 整理后的观景飘窗让郁郁葱葱重现

那天下午，规划整理师 Bracy 准时到达何先生夫妇家。进入需要整理的卧室时，夫妻俩朝 Bracy 苦笑了一下，难为情地说："不好意思，我们卧室的状态实在太糟糕了！我们很想让卧室变得清爽一些，虽然断舍离了很多物品，但看起来还是太乱，我们真不知道应该怎么去收拾了……"

Bracy 看到卧室里堆满了各种各样的物品，飘窗上放置了两个三斗柜和大件杂物，挡住了绝大部分的光线和视野，整个房间既昏暗又拥挤。

何太太拉开一侧窗帘，表达了对窗外风景被遮挡的惋惜之后，无奈地说："卧室总

整理前，卧室飘窗区域成为物品堆放地，两个三斗柜挡住了窗外的阳光和美景

是乱糟糟的，每次进来心情都不太好。"Bracy 说："不妨想象一下，卧室里不需要的物品都被清理了，需要的物品则被有序摆放着，你知道每个物品的位置，可以很轻松地拿取和放回。晚上你们可以坐在飘窗上看夜景，早上醒来躺在床上就能看到窗外的郁郁葱葱，那时你的心情如何呢？"何太太好一会儿都没有说话，但 Bracy 在她的眼神中看到

整理后，飘窗整洁宽敞，成为最佳观景台

了期待的光芒。

在做卧室规划整理方案时，Bracy 根据何先生夫妇的需求和现有环境条件对物品堆积重灾区——飘窗进行了重点调整：首先，清除不必要的杂物，将有限的空间释放给需要且常用的物品；其次，清空三斗柜，将分好类的物品进行定位摆放；最后，调整三斗柜的位置，设计方便取放物品的最短动线，分别放在飘窗的两端。

如此一来，原本被物品积压的飘窗释放出了大量空间，而且恢复了被物品掩盖和遮挡的观景视野和通透光线，何先生激动得叫来全家人一起欣赏窗外的景象。整洁的卧室环境、有序的物品摆放、美好的窗外景色，不仅还原了家本来的温馨样貌，而且重现了窗外那片一望无际的郁郁葱葱。

02　终于可以在"杂物间"喝下午茶了

菁菁家的次卧中堆放着很多她的父母来小住时的各类生活物品，就连拆下的物品包装盒都原封不动地保留着，久而久之，其他杂物也"顺理成章"地塞了进去，逐渐堆满飘窗、床下，甚至在地面上都垒起小山来。在不知不觉中，这间房成为"杂物间"已有十年之久！由于不好清理，这些杂物积满了灰尘，菁菁为了眼不见心不烦，经常关着次卧的门，而且不太愿意邀朋友来做客。

由于在异地，菁菁找到规划整理师 Sky，通过线上远程咨询进行了家居局部整理，但对"杂物间"这个"老大难"始终无从下手。趁着疫情期间有较多时间在家，菁菁向 Sky 进行了深度咨询。经过多次沟通，Sky 发现菁菁逐渐有了"空间占用就是财富浪费"

整理前，次卧飘窗被杂物占据

的意识。其实，被杂物侵占的不仅是昂贵的物理空间，更是菁菁的内心空间。欲攻破这个十年整理难题，仅有内心的觉醒还不够，她需要的是动力和具体方法。

面对归属多元、品类庞杂且由来已久的次卧杂物，Sky 一直鼓励菁菁："生活是自己的，只要努力就可以掌控。每个人的家都可以被规划成自己喜欢的样子。"针对菁菁感到棘手的具体杂物处理问题，Sky 特别强调在整理过程中必须充分尊重物品所有人的意愿，并建议她学习规划整理师三级认证课程，学习系统的规划整理方法和技巧。

通过学习规划整理三级认证课程，菁菁有了重新规划生活的动力，对整理有了全新的认识。经过充分沟通，她与先生达成一致意见，决定两人一起进行次卧整理。

走入房间、打开记忆、掸去灰尘、腾挪搬移……在俯瞰杂物的品类和状态之后，菁菁和先生做了科学合理的规划整理方案。经过初步筛选，次卧门口出现了一座垃圾山：各种早已不需要的电器包装盒、大大小小的包装袋、N 年前翻过的旧书刊、失修已久的落地风扇……菁菁先将属于父母的物品打包放好，等他们来时进行筛选；再和先生一起将其余需要保留的杂物进行合理归类、定位摆放；最后，夫妻俩将部分闲置物品进行了流通，获得一笔不小的入账。

整理后，次卧飘窗成为下午茶圣地

整理完毕，次卧原有的模样露了出来，飘窗上堆积已久的"杂物山"终于消失了，内心的瞬间轻盈让菁菁和先生觉察到此前自己承担了未曾意识到根源的巨大无形压力。

窗外景色无敌，打开窗，久违的清新空气透了进来……打开美好生活的钥匙终于被拾了起来！菁菁在飘窗上放了飘窗垫和小茶几——这不就是平时外出费心"打卡"的下午茶圣地吗！盘腿坐下，沏上好茶，就可以尽情思考、放空、沉淀……

菁菁感慨道："现在的我深刻地感受到无须将生命的空隙一一填满，精彩的人生应当适当留白，如同这随时可以为我呈现绝美自然风景的飘窗一样。"

03　杂乱客厅变身孩子们的派对场地

　　客户委托规划整理师来整理家庭空间的原因有很多，规划整理师大茶就曾接到一个非常可爱的委托请求。Y女士在电话那头说："我想要完成女儿一个小小的梦想——在上小学之前，在家里举办一个派对，邀请没有入读同一所小学的好朋友来家里做个有意义的告别。然而，我家目前的环境要举办派对的话不太可能……"过了两日，大茶兴奋地出发前往异地的Y女士家里，她迫不及待想要完成这次"可爱"的规划整理。

　　Y女士家是拥有四室一厅的150㎡房子，一进门就能看见客厅这个全屋最大的区域。虽然Y女士家里开着空调很凉爽，但空间中较多的物品与色系造成的视觉冲击无法让人觉得清爽舒适。

　　在Y女士热情地带大茶参观了家里所有地方之后，大茶和Y女士针对生活细节进行了面对面的深入沟通。在沟通过程中，这次整理的真正主角——Y女士的女儿从学校回来了。大茶忍不住和她搭话："你想要把家里变成什么样啊？"她开心地转着圈圈，大声

整理时，大茶测量空间尺寸并用笔记本画出简单的结构图

整理前，客厅拥挤又
混乱

整理后，客厅清爽又精神

整理前，客厅茶几上堆满了 Y 女士的女儿和儿子的文具和玩具

整理后，客厅茶几恢复接待客人的功能，之前摆放的学习桌和学习用品被放回专属区域

地说出答案："酒店！"哇，这个小女孩还真是给大茶下了一个挑战书呢！

"无规划不整理，无整理不收纳。"这 12 个字是在搭建家庭永续良好的整理系统时，每个规划整理师共同信奉的工作箴言。大茶和搭档多么按照"客厅格局不变、分区功能明确、物品分类与定位清晰、视觉清爽整洁"的规划整理方向，与客厅的物品们交手过招：

将小件物品集中起来，对物品进行"先简单后细致"的分类，引导 Y 女士与家人对分好类的物品尤其是药品进行对比和筛选，留下真正需要与值得收藏的生活物件。

灵活调整空间定位，借助收纳工具将物品适体、适态地收纳起来，放在符合人体工

整理前，客厅角落杂乱无章
的工作桌降低了 Y 女士和先
生的工作效率

整理后，客厅角落的工作桌整洁清爽，Y 女士和先生更喜欢待在这里了

整理前，Y 女士家的客厅一片杂乱，让人看了心生烦躁

整理结束时，Y 女士的女儿开心地在客厅奔跑

学和取放习惯的位置，让物品拥有更理想的"家"。在这个过程中，Y 女士的女儿和儿子原先混杂在一起的玩具、文具、作业和绘本等也都归位到各自的学习和游戏区域，释放出客厅的空间，恢复了招待客人的功能。

经过 Y 女士与家人的积极配合、参与，所有物品各得"新"所、各就其位，一个清爽又精神的客厅渐渐呈现在眼前。

在整理过程中，有很多有趣的小细节：Y女士的先生在筛选自己的办公区域物品时，拿来蓝牙音箱一边放着歌曲一边选择，十分懂得享受；Y女士翻出从搬家后便"消失"的可视门铃，马上安排物业上门安装在玄关，开心地说："再也不用到一楼给来访的朋友开门啦！"

整理结束时，Y女士迫不及待地提前邀约女儿的好朋友们，并开始为女儿心心念念的派对做准备。Y女士的女儿在客厅里开心地边奔跑边欢呼："哇！家里好像酒店啊！"那一刻，大茶好想跟着跑起来！

在举行派对的那天清晨，大茶带着鲜花敲开了Y女士家的门。"今天我可不是规划整理师，而是作为你们新家的第一个见证者来做客啦！"

04　样板间也可以有温度

唐先生是两个孩子的父亲，也是昆明餐饮界的知名人士，他在多年的工作中意识到了整理的重要性。学习规划整理三级认证课程后，唐先生认为对个人、家庭、事业来说，规划整理都是一件极有意义的事情。为了引导孩子们从小掌握整理收纳这个受益终身的技能，也为了让自己身边的朋友、事业伙伴了解规划整理，唐先生请规划整理师李娜上门做全屋整理。

李娜来到唐先生家里时，不禁一愣："那么整齐的家还需要请规划整理师做整理吗？"在李娜与唐先生进行整理咨询的过程中，她了解到唐先生的惯用脑型是左左脑，

整理前，唐先生的家就已经精致得像样板间

希望自己的家就像样板间一样精致漂亮，他希望自己整齐的家在带给孩子们美好生活的同时，让孩子们养成规划整理的好习惯。

或许不少人觉得样板间不接地气、不适用于日常生活，只追求视觉上的享受，并不考虑居住者的感受。其实不然。这次规划整理就是要解决在追求美观的同时如何兼顾居住者的生活习惯并易于维持的问题，即使对专业的规划整理师来说，这也是一次挑战。

经过充分的沟通，李娜对这个整理基础比较好的家给出的规划整理方案是：不做大改动，在收纳上做提升，从细节出发，对每一件物品进行细致分类与定位，让每个空间内部的物品与空间外部一样精致漂亮且井井有条。具体来说，就是将好看常用的物品进行展示性收纳，既赏心悦目又方便取放；调整厨房用品动线，保证做饭时可以快速取用

整理后，外衣悬挂区的上层挂唐先生的外衣，下层左侧挂姐姐的外衣和套裙、右侧挂弟弟的外衣，柜底用收纳盒放置外出配套小物

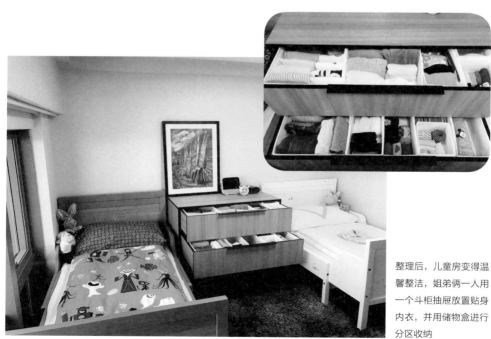

整理后，儿童房变得温馨整洁，姐弟俩一人用一个斗柜抽屉放置贴身内衣，并用储物盒进行分区收纳

整理后，唐先生的衣物专属空间被划分为衬衣区、内衣区、领带区，并按照由深到浅的色系顺序来悬挂和直立摆放衣物

各种调料、厨具、餐具；将孩子们的玩具区调整到与其身高相适的区域，方便孩子们玩耍后自行收拾复位。

●衣柜整理

整理方案确定后，李娜先进行衣柜整理。唐先生家的衣物数量控制得很好，存在的

整理后，常用的调料和装饰品在餐桌与餐边柜上进行展示收纳

五颜六色的调料用统一的收纳盒进行分类收纳

整理后，开放式小厨房更为整洁有序，让人有做饭的欲望

主要问题在于收纳：悬挂色系未做调整，美观程度欠缺；斗柜里姐弟俩的衣物混合在一起，不仅杂乱无序，而且经常找不到要穿用的衣物。

把全部衣物拿出来后，李娜按使用对象和衣物功能重新进行分类，将外衣悬挂区按色系由深到浅排列，保证美观程度，并将之前混在一起的小包、手套、围巾、舞蹈服放入敞口收纳盒收纳在悬挂区底部空间，让孩子们在穿外衣的同时就能快速找到配套小物；将贴身内衣放在抽屉里，唐先生一人用两个衣柜抽屉，姐弟俩一人一个斗柜抽屉，并使用宜家思库布储物盒进行细化分类摆放。

●厨房整理

唐先生家是开放式厨房，既要注重美观，也要兼顾实用性，李娜决定采用展示收纳和隐藏收纳相结合的方法来进行规划整理。

展示收纳：不同用途的同类水杯，在墙面收纳架上进行分层展示；使用频率高的胶

小餐具用宜家斯马克餐具收纳盘进行分类摆放

烹调小工具按功能进行分类摆放

碗、盘按形状、大小进行摆放

囊咖啡和纸巾盒，挂在吊柜和操作台中间的墙面上。

隐藏收纳：瓶装液体调料用MUJI磨砂盒收纳放在吊柜下层，袋装固体调料用宜家瓦瑞拉盒收纳放在吊柜上层，方便分辨和取放；刀、叉、勺子、筷子等小餐具用宜家斯马克餐具收纳盘分类摆放在燃气灶下的抽屉里；之前放置在橱柜最外侧的锅具调整放置到灶台的右侧地柜中，做饭时不用走动直接拿出即可使用，动线最优，方便取放。

● 储物柜整理

唐先生在装修时把楼梯下方空间做成了五个立体集成式橱柜，不仅让小空间有了超大的收纳功能，而且十分美观。

李娜把进门第一个储物空间规划为入户玄关柜，放置唐先生一家经常穿的鞋子，唐先生的放上层，姐弟俩的在下层。平时出门的高频使用物品放在玄关柜的台板区，用分格敞开式收纳盒分类摆放车钥匙、手表、手串等小物件，一格一物，物有其所；雨伞、购物袋等体积稍大的物品则用宜家萨姆拉收纳盒进行分类收纳，方便出门时随手取用，回家直接放入盒子即可。

李娜把使用频率较低的杂物如圣诞节用品等，用宜家萨姆拉带盖箱子进行集中收纳，统一放到橱柜的第四个空间，不仅让物品清晰可见，而且偶尔使用时也易于拿取，不必到处乱翻。

橱柜的第五个空间是玩具柜，虽然之前已经将玩具进行了集中分类收纳，但部分玩具使用的收纳工具是宜家萨姆拉带盖箱子，姐弟俩需要费力地将整个箱子抬出来才能拿到玩具，于是李娜改用爱丽丝前开口玩具收纳箱来收纳姐弟俩经常玩的玩具，玩耍时直接掀前盖取放玩具即可，避免因抬箱子而受伤。

一个月后，李娜对唐先生进行回访，发现整理效果维持得非常好，几乎没有任何变化。唐先生笑着道出了维持秘诀："用后归位，进一出一。"在这一个月里，7岁的女儿

整理后，入户玄关柜用来摆放出门常用物品

整理后，杂物柜用来放置使用频率较低的物品

整理后，用前开口收纳箱放置姐弟俩的常用玩具，
既一目了然，又方便取放

姐弟俩按照自己的习惯对书籍、文具进行分类，并在收纳盒上贴标签

整理后，姐弟俩的书桌分区明确，方便养成各自使用后随手整理的习惯

在唐先生的引导下变成了整理小能手，不仅学会整理自己和弟弟的玩具、衣服、学习用品，还成为同学们的整理小老师，教他们折叠衣服、收拾物品的小技巧。

结束回访时，唐先生亲自调制一杯 Mojito 鸡尾酒请李娜喝以表示谢意。从调制到收拾所有调酒工具再到恢复小吧台原样，用时不到 5 分钟。

看来，样板间也可以有温度，也能成为温暖的家！

即使是调制 Mojito，小吧台也能保持井井有条的状态

PART 4 　改造家具内部格局提升收纳力

　　很多家庭觉得柜子不够用，其实不是不够用，而是出现了两个问题：一是柜内空间不合理，二是没有使用合适的收纳工具和摆放方法，导致收纳不了太多物品。

　　提升现有家具的收纳能力，最快的方法就是进行内部格局改造，比如增加鞋柜层板，拆除衣柜层板增加挂衣杆，拆除"鸡肋"裤架，增加百纳箱、抽屉收纳盒等，这些都可以帮助大部分家庭快速且显著地提升家具的收纳容量。

01　改造衣橱内部格局，提升收纳空间

　　袁先生家的总面积为 105 ㎡，但 5 年前购买的主卧衣橱居然只占用了 5 ㎡，而且衣橱由袁先生和袁太太共同使用。随着时间的流逝，衣橱过小带来的种种问题渐渐浮现出来，甚至到了夫妻俩为此争吵的地步。于是在别人的推荐下，袁先生主动找到规划整理师潘潘，希望帮助解决主卧衣橱的收纳问题。

　　经过咨询，潘潘了解到袁先生的衣橱整理需求有以下三点：拥有独立的衣橱空间，和太太互不干扰；在不舍弃太多衣物的前提下，收纳下两人的所有衣物；常用衣物要容易看到、找到，并能轻松方便地进行取放。

　　为此，潘潘提出了两个可行性方案：一是添置定制衣橱，扩大卧室的收纳面积，重

整理时，将衣橱里的所有衣物拿出来进行俯瞰和分类

整理时，对衣橱进行详细测量和记录，通过拆除闲置裤架、调整隔板和挂衣杆的高度来
实现收纳空间的最大化利用

整理前，主卧衣橱左侧的原有内部格局极不合理，从来不用的裤架的下方塞满了百纳箱

整理后，主卧衣橱的左侧被打造为袁先生的专属衣物收纳区，而且以悬挂收纳为主

新规划收纳空间；二是改造现有衣橱的内部格局，最大限度地利用原有空间进行规划整理。考虑到两三年后可能会有换房计划，袁先生和袁太太决定采用第二个方案，并在线签订了整理合同。

上门整理时，潘潘先和袁先生一起将衣橱里的所有衣物拿出来进行俯瞰和分类，再对衣橱进行详细测量和重新规划，最后拆除了衣橱左下角的闲置裤架。

两天后，潘潘带着之前量好的尺寸，算好数量的挂衣杆、植绒衣架、鹅形防滑裤架和抽屉式收纳箱等收纳工具再次进行上门整理，并将袁先生家原有的百纳箱作为辅助整理工具。

为了让袁先生夫妻二人拥有各自的专属衣橱，潘潘将衣橱按男左女右的逻辑习惯进

整理前，主卧衣橱右侧的原有格局以隔板为主，百纳箱收纳了夫妻俩的大部分衣物

利用原有的百纳箱将分好类的换季衣物和不常穿的衣物直立收纳在一起

行区域划分。由于之前拆除了裤架、安装了挂衣杆，并将隔板调整为袁先生伸手即可悬挂常用衣服的高度，衣橱左下角增加了 50% 的裤子收纳空间；上衣悬挂区统一使用植绒衣架，增加了 30% 的收纳空间，实现了袁先生对自己的衣物一目了然、收放自如的整理心愿。根据袁太太的使用习惯，除了将常穿的衣服挂起来，潘潘更多地使用收纳盒来

放置袁太太的衣物，并采用直立收纳法进行分类摆放。

　　整个衣橱改造只花费了 200 元材料费和 300 元收纳工具费就完全满足了袁先生和袁太太的衣橱整理期待，这让他们在感到非常满意的同时还觉得超值，夫妻俩也因为各自有了专属衣物收纳空间而"握手言和"。看来，改造收纳空间真的可以改善家庭关系，不仅无须大折腾，还可以省钱！

02　不做空间改动，也能高效利用结构不合理的衣橱

　　吴女士说自己的整理诉求很简单，就是让家里的衣橱使用方便。通常来说，越是简单的诉求，越是有不一般的困难。果然，规划整理师乐月到吴女士家后，看到了在儿童房里单独开辟出来的小型步入式衣帽间，内部结构极不合理：

　　顶天立地的衣橱居然只分了两层，导致高层挂衣区特别高，只有吴女士的先生可以勉强够到；吴女士的衣服只能放在下层，但下层的位置特别低，不仅挂不了长衣服，而且无论拿什么衣服都需要"弯腰低头"。最不合理的地方是在两侧衣柜中间设计了八宫格收纳空间，导致左右两侧的靠墙收纳空间无法正常使用，拿取衣物只能靠手掏。

　　乐月给吴女士的规划整理建议是拆除中间八宫格收纳空间，将衣橱两侧的收纳空间充分利用起来；增加衣橱的隔板，让挂衣区使用起来方便合理。

　　虽然吴女士对衣橱改造方案非常认可，但是考虑到再过两年儿子上学后就要搬家，改造的必要性不是很大，于是提出能否在不改造衣橱的情况下让衣橱好用起来。为此，乐月与吴女士就衣橱使用人员及其使用习惯有哪些进行了沟通。

整理前，衣帽间收纳着家庭所有成员的衣物和床品，左右两侧的靠墙收纳空间需要靠手掏才能拿出衣物

整理后，重新规划布局的衣橱让吴女士家的每位家庭成员都能轻松取放自己的衣物

吴女士家的衣橱一共有 7 位使用人员，分别是吴女士一家三口和吴女士的父母、婆婆、妹妹。由于吴女士和先生的工作都很忙，平时由吴女士的父母、婆婆和妹妹轮流来照顾孩子，衣橱里不仅装着 7 位家庭成员的衣服，还放着不少床品。

根据吴女士家的特殊情况，乐月把最容易取放衣物的 4 个"黄金区域"留给了 4 位衣橱常用家庭成员——吴女士一家三口和吴女士的妹妹。因为吴女士的妹妹比吴女士高，所以两侧高处的挂衣区分别给吴女士的先生和妹妹使用，低处的挂衣区则留给吴女士和儿子使用；靠墙收纳空间中不需要掏的位置用来放吴女士经常穿的运动类衣服，需要掏的位置则放置吴女士不再用的一些纪念品；八宫格用来收纳吴女士父母和婆婆的衣服、经常换洗的床品、吴女士和妹妹的内衣。同时，抛弃原有不好用的收纳工具，改用尺寸更适合、色调统一的收纳工具，让整个衣帽间看起来更加清爽。

规划整理就是这么神奇，即使不做任何空间改动，也能根据每位家庭成员的习惯和需求将不好用的空间重新高效利用起来。

03 定制衣橱不好用，灵活搭配储物柜

规划整理师 Bracy 在何先生家进行卧室整理预踩前，何先生就反复说他很不喜欢这个衣橱，觉得特别不好用，当初在定制柜子时没有考虑太多，可要重新装修或改造也不是很现实，所以他希望借助规划整理方法来让衣橱变得好用起来。

看到衣橱后，Bracy 一眼就发现衣橱"不好用"的原因并非常见的空间"不够用"，实际上，这个衣橱有 3 个大的区域，左侧、中间、右侧每个区域都有足够的悬挂区和储存区，而且里面收纳的衣物数量并没有达到"爆满"的程度，甚至还有部分闲置空间。

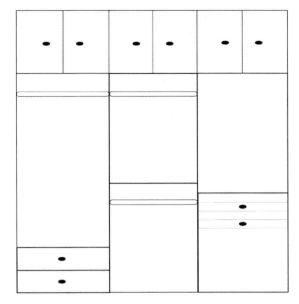

何先生的衣橱示意图，并非因为空间"不够用"而"不好用"

Bracy 发现真正"不好用"的原因是空间设置和衣物取放动线不合理。

衣橱与床的间距太近，过道非常狭窄，只能容得下一个人，衣橱的右侧靠墙区域甚至直接挨着床头柜。在这样狭窄的过道中寻找和取放衣物，必定是非常困难和痛苦的。

衣物直接在层板上叠放收纳，几乎都垒得很高，取放时极易将衣物弄乱，而且衣物缺乏系统的分类，找衣物时需要反复推拉衣柜门、来回走动翻找，白白浪费了很多时间和精力。

当初何先生定制衣橱时，深度设置不够，导致悬挂衣物的衣袖会"跑"出来，推拉衣橱门时一不注意就会把衣物的袖扣等配件弄坏。

以上种种问题已经困扰何先生一家人多年，由于取放衣物极为不便，一家人逐渐"舍弃"这个衣橱的部分收纳功能，右侧靠墙区域基本闲置，用来收纳低频穿着衣物及

整理前，衣橱与床的间距太近，取放
物品极为不便

整理前，衣橱悬挂区被闲置，衣物层层叠放，寻找、识别都耗费了大量时间和精力

杂物，只使用方便取放衣物的左侧靠外区域，并将常穿的衣服"转移"到电视墙储物柜
的隔层里。

起初，何先生说到储物柜变成衣物收纳柜时还不太好意思，但 Bracy 觉得这样的自
主调整很棒，认为这正是规划整理"以人为本"理念的体现，以使用者的习惯和需求为

整理后，非当季和低频穿着衣物用收纳箱分类摆放在衣柜上层

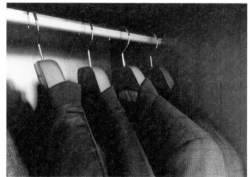

厚重的秋冬衣物用木质衣架悬挂，保持衣服肩部挺括

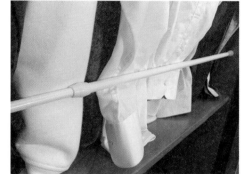

添置可移动伸缩杆防止衣物被推拉门损坏

出发点。发现之前的规划设计不合理时，收纳空间不一定要落实原本的规划和设置，比如储物柜并非只能放置物品而不得用于存放衣物，毕竟收纳空间的本质是为了取放便利。因此，只要思维方式稍微转变，就能将收纳空间从"不好用"转变为"好用"。

在进行衣物整理的时候，Bracy发现何先生一家都以休闲衣物为主，需要悬挂的衣物并不多，同时由于推拉门容易夹坏衣物，衣橱中很多悬挂区都被用来叠放衣物，导致衣

整理前，电视墙储物柜变成衣物收纳柜，下方抽屉里装满杂物

储物柜层板区用抽屉式收纳盒直立收纳衣物

整理后，电视墙储物柜下方抽屉用来直立摆放高频穿着衣物

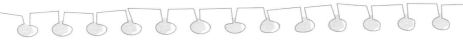

整理小贴士

由于秋冬衣物比较厚重，使用与衣物肩部厚度相匹配的木质衣架，可以给予衣物足够的支撑，保护衣物肩部不变形，等秋冬拿出来穿时依旧挺括服帖。

此外，使用与衣柜颜色统一色调的衣架，能够在视觉上形成"整体降噪"的效果，既能专注于衣物挑选，又显得大气美观。

柜上部空间大量闲置。

清空衣橱后，Bracy 先引导何先生一家对衣物进行是否需要保留的筛选，再在"需要保留"的衣物中挑选出非当季的秋冬衣物和低频穿着衣物，将可折叠的衣物用收纳盒进行分类收纳，固定放置在衣橱上方空间，同时在收纳盒上贴标签，方便寻找；将外套和夹克集中挂在衣橱的低频悬挂区。为了防止衣物被推拉门夹坏，Bracy 在衣柜格内添置了一根可移动的伸缩杆，通过这样的物理阻挡来防止衣袖"跑"出去。

经过俯瞰，Bracy 结合何先生一家的生活习惯，按照使用频率和所属季节对衣物进行分类，并匹配放置到相应的划分区域——继续沿用原本"常用"的区域，并将之调整为"更好用"的区域：

最常用、最顺手的衣物收纳区域是衣橱左侧区域，用来悬挂何先生一家的日常换洗衣物；中间区域悬挂低频穿着衣物和非当季衣物；右侧区域放置低频穿着衣物和差旅出行用品。

电视墙储物柜继续用来放置常穿且能够叠放的衣物，在储物柜层板区添置抽屉式收纳盒并贴上分类标签，采用直立摆放的方式分类收纳衣物，既一目了然，又方便取放；充分利用储物柜下方的抽屉，清空并转移原来存放的杂物到相应的规划区域，直立摆放何先生一家的高频穿着衣物，将储物柜彻底改造为衣柜，使穿衣搭配动线最优化。

Bracy 运用规划整理理念对原本不好用的衣橱进行了多维度的组合优化，大大提升了空间利用率，何先生一家终于解决了衣物收纳的烦恼。可见，在不改变空间布局的前提下，基于现有空间状态进行灵活、顺畅且符合客户使用习惯的调整，能够让整理变得简单并且易于维持。

04　家里人人是大厨的厨房收纳秘籍

董女士第二次找到规划整理师美玲时，希望美玲能帮她整理厨房。一般来说，一个家由主要做饭的家庭成员主管厨房的物品，其他家庭成员属于厨房的"客人"。然而，董女士家的情况比较特殊，不只家里的长辈是大厨，就连董女士和先生也喜欢时不时地下厨做大餐招待亲朋好友。

在家庭成员人人都是大厨的情况下，厨房空间虽然不小，但总是用着不顺手——每个人用完物品后都按照各自的逻辑去摆放，导致下一个人进厨房时经常找不到要用的物品，久而久之，重复购买物品、食材放到过期的事情时常发生。

在整理过程中，美玲和董女士一起清空物品、筛选出过期食物、集中收纳同类物品、根据厨房动线将物品定位收纳到合适的空间……经过一轮整理，厨房空间已经搭建起一套有逻辑且符合生活线的高效收纳体系。

一个多人使用的厨房，经过这样的整理就能彻底解决原来的痛点吗？

答案是否定的。一般来说，在多人使用的空间，只要没有明确的空间使用规则指

整理前，因为没有一套合理的厨房整理收纳体系，物品被随手塞入抽屉和柜体，导致取放物品极其困难

整理后，根据同类就近摆放的原则，将物品进行定位收纳，打造一套合理的厨房整理收纳体系

筛选物品时，由于家里人人是大厨，对调料的要求很高，散落在厨房各处的辣椒粉居然多达 10 种

整理前，吊柜内的物品摆放动线不合理，不便取放

整理后，在柜门表面贴上柜体内所放物品的大类标签，在柜体内的收纳盒表面贴上物品的具体名称标签，使用这样的一级和二级检索目录，再多人取放物品也不会混乱

示，用不了几天，就必然恢复到原来的混乱状态。

为此，美玲将每一个物品的名称都打印出来，在相应的柜门上贴好标签，让所有人像看书本检索目录一样清楚地了解所需物品放在哪里、复位时应该放在什么地方，彻底解决多人使用导致复乱的问题。

在回访时，董女士反映说整理后的厨房不管是谁使用过，都能很轻松地恢复整齐，而且再也没有出现找不到物品的情况，家里的每个大厨都很满意。

在做规划整理的时候，并不是一成不变地套用一个整理公式，而是从居住者的需求出发，了解空间使用痛点，一旦根本问题被解决了，就能轻松告别复乱的烦恼。

特别篇
不只是家庭整理

　　规划整理不仅服务家庭客户，也广泛地服务各类商业机构、企事业单位、公益组织等。除了机构客户之外，还有一群更为独特的客户——老年客户和慢性整理无能（CD）客户。他们是整理难度更高的客户：一方面，随着成年子女整理意识的觉醒，越来越多的老年人开始享受整理服务；另一方面，慢性整理无能客户尤其是其中受到囤积强迫症、抑郁症、注意力缺陷多动症（ADHD）影响的客户，还需要一些独特的整理方法。目前，我国这一领域尚在起步阶段，这些整理比家庭整理更为新潮，也面临更多挑战。

　　在本篇手记中，你将会看到规划整理师在方方面面的整理场景中如何发挥自己的力量，通过商业整理、职场整理、亲子规划整理、老年整理、慢性整理无能特殊整理等方法去照顾难以进行理性整理的人群，帮助他们过上想要的生活。

PART 1   **商业整理与职场整理**

　　不少工作场所由于缺乏整理，在一定程度上降低了组织经营效率和员工工作效率。

　　当客户从家庭变为机构，整理需求和目标虽然明显发生了变化，但规划整理的原理是互通的，仍然要考察人、物品、空间的三方关系，为机构客户设计提高经营和工作效率的规划整理方案。

01　二手奢侈品门店整理从"人"开始

　　经营着一家非常受欢迎的二手奢侈品门店的穿搭博主关关，给规划整理师蚂小蚁发了一条求助消息："快来店里帮帮我，我们已经没有办法发货了！"

　　关关的二手奢侈品门店处处充满着女王衣帽间般的高级感，但时不时出现的待发货物、包装盒、纸箱……却能让这个女王梦瞬间出戏。

　　面对这样的情况，从来没有开过店的蚂小蚁，应该如何开展工作呢？

　　蚂小蚁决定先去找"人"，因为谁提出需求，谁就一定有具体的困扰。经过与关关、门店员工沟通，蚂小蚁了解到门店的整理烦恼："网红拍照打卡"是非常有用的营销方式，但客人想在店里拍照时，总是被杂物影响；小房间几乎没法使用，根本走不进去；身兼数职的娇娇需要接待客人、打包发货，但打包工具放到小房间不方便使用，堆在大

整理前，门店内侧的小房间几乎无处下脚，最里面的小仓库乱成了杂物间

整理后，小房间里添置的收纳架满足了货物收纳需求，小仓库也被规划得井井有条

整理前，二手奢侈品门店里到处都是杂物

整理后，门店大厅主要用来展示商品，在小房间门外设置打包点，用小篮子装常用打包工具

厅又很难看……

于是，蚂小蚁确定了这次规划整理的目标：让老板娘能秀、晒、炫，让员工能轻松工作。

整理前，如台风过境后的杂乱抽屉

整理后，在抽屉内增加分隔收纳盒，所有物品一目了然，取放十分方便

第一步，清理小房间的地面杂物，保证所有物品都可以直接拿到；增加收纳架，满足货物收纳需求；打造关关的个人办公桌，方便她处理公事和接待 VIP 客户。

为家庭住宅提供规划整理服务的时候，蚂小蚁通常都会建议居住者不要囤积太多的消耗品，但店铺不同，需要大量储存的备用工具和消耗品都是必需品，关键是要在收纳时把"正在用的"和"备用的"物品分开储存，建立备用品小仓库。需要注意的是，虽然直立收纳是公认的实用收纳技巧，但并不是所有物品都必须直立收纳。对可以按顺序取放的同类物品，尤其是带有包装袋无法折叠的衣物，采用堆叠收纳方法更为合适。

第二步，将在大厅里堆放的包装盒和待发货物全都转移到小房间里收纳，打造纯粹

整理后，关关在办公桌上摆放自己的宠物狗画像，让工作的
地方成为"心动空间"

的展示空间与储藏空间。同时，在大厅里专门规划出一个小型、方便、好看的打包点，把常用的打包工具放在提篮里，以便及时为购买了商品的客人提供打包服务。

第三步，对门店商品展示区的抽屉进行整理收纳，使用分格敞口式储物盒分类收纳各种物品。

在规划整理的理念中，"人"是核心，物品和空间都是因"人"的需求才存在的工具。

商铺整理和家居整理在本质上并没有什么不同，在第一眼看起来冷冰冰、没有生命感的公共空间中也一定能找到其背后的"人"的因素。找到这个关键因素，接下来的对物品进行筛选、舍弃、分类，对空间进行扩容、改造、美化……都不过是根据人的需要采用的手段而已。

所有的故事都是从"人"开始，再回到"人"身上。

整理结束后，关关买来了鲜花，她说："我终于可以在店里放上最喜欢的花了！"

娇娇开心地试用着"小打包台"，她说："我终于可以舒舒服服地打包了！"

02 拯救经多次装修仍混乱不堪的服装店

李女士是一家服装店的老板，惯用脑型是左右脑，个性十足，擅长服装搭配。15 年来，她开过多家服装店、经历过多次装修改造，但都没办法改变店面混乱的局面。这次，她准备重新装修服装店，于是找到规划整理师 Minnie，希望运用规划整理彻底改变混乱现状。

当 Minnie 来到服装店进行咨询了解后，发现虽然该店的定位是女装店，但货物品种

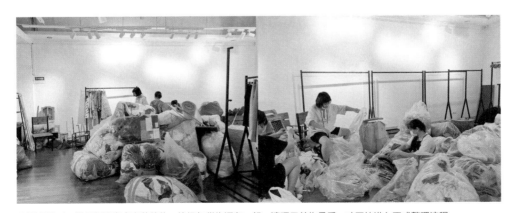

刚到现场时，货架还没完全安装就位，垃圾与货物混在一起。清理无关物品后，才开始进入正式整理流程

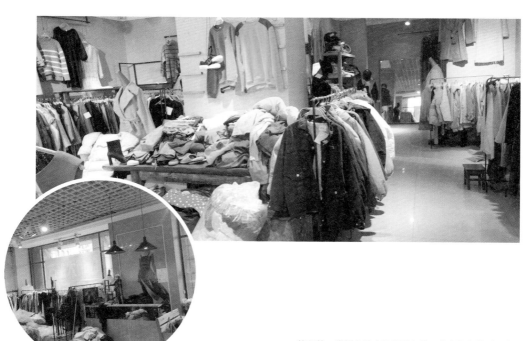

整理前，货架上的衣物陈列杂乱，完全没有美感；货物没有明确分类，在台面和地面上乱堆乱放

整理后，衣物陈列整洁美观，方便店员管理和客户选购 并且实现了零库存

杂多，主次不分，而且没有库存系统，货物库存不明确，甚至出现过积压着上百万元货物却还在不断进货的问题。此外，由于没有进行过合理的空间规划，货物数量又不断增加，不仅货架上的衣物陈列混乱，而且地面上长期堆满了袋装货物，有时甚至分不清是垃圾还是货物……总之，不管是店员还是老板，都一直在混乱中忙乱不堪。

经过多角度的咨询交流，Minnie 了解到李女士希望改造后的店面能容纳更多货物，陈列整洁美观，并且方便管理维持。由此可见，现状和目标的差距是比较大的。

最为关键的是，在"人"的方面，店面整理与家居整理很不一样，不仅要"你"觉得，还要"他们"觉得，也就是说，作为规划整理师，Minnie 在主要考虑李女士需求的同时，还要兼顾店员日常管理维持的需求，更要提升顾客的购物体验。

Minnie 重点引导李女士明确现状和目标的差距，在空间有限的情况下抓重点进行规划整理。

第一，明确服装店的定位，确定主要售卖的货物是什么，做出取舍，分清主次。

经过思考与讨论，结合长期的经营经验，李女士把服装店定位为女装超市，以女装为主，在空间允许的情况下，适当保留一些相对畅销的配件，在此基础上建立库存管理系统，解决库存不明确的问题。

得知李女士的货源渠道稳定，货物补充便利及时，当天订货，第二天就到，时间周期短，Minnie 建议通过现有的货架空间来控制货物数量即可，由此形成零库存的良性循环。李女士马上就欣然接受了，因为对她来说，零库存不仅能解决库存积压问题，还能让资金周转更为灵活。

第二，围绕主要货物展开陈列收纳规划，先以货物陈列整洁为目标，方便店员管理和客户选购，通过留白和按颜色陈列来形成流畅的自然美感，如有必要，后期再在这个基础上添加装饰以达到最佳陈列效果。

选定规划整理方案后，李女士安排店员清空店面进行装修改造，并把新买的货架、陈列架摆放就位。与普通家居整理不一样的是，上门整理当天，Minnie 的主要工作是把控全场，安排大家以流水线的工作方式对货物进行分类整理、录入系统、摆放陈列，然后做最后的调整即可。

然而，现场操作并没有像预期那么流畅和顺利，不仅货架没有摆好、垃圾和货物混在一起，还发生了一些突发事件。Minnie 以不变应万变，抓住重点，及时沟通，灵活变通，问题最终迎刃而解。

最后，Minnie 陪着李女士核查现场，对分类陈列好的货物按颜色进行调整后，整个店面既色彩丰富又不杂乱无章，加上留白的墙面，自然美感呈现在大家面前，简直完美！

规划整理让服装店获得了完美的蜕变，达到了李女士想要的效果：衣物陈列整洁有序又带有美感，不仅方便店员进行日常整理维护，而且方便顾客自由选购搭配，大大提升了购物体验，更重要的是由于库存完全可控，李女士得以从店面里解放出来，专注于货源挑选即可，这真是个意外的收获！

后来，李女士发来消息，感慨道："这次规划整理就是一个由外到内整改的过程。过去的我狂妄到从来不觉得装修要请设计师，因为我觉得没有人比我更懂我自己，但这些年，我渐渐看到自己内在的缺失，也看见了别人的价值，于是愿意付出金钱来满足自己内在的需求。这也许不是最动人的装修，但是天知道在这个过程中，我的整理师如何引领我梳理了这些年我自己无论如何都理不清的内在逻辑。我学习了，我收获了，感恩有你，Minnie。"

03　打造 1 个人玩转 5 个岗位的高效工作室

七七是规划整理师罗布做咖啡师时认识的朋友。那时，热爱植物的七七与 4 位朋友一起租了一套 3 层小楼做多肉工作室，产品放在网上售卖，卖得不错，节假日人手不够，就请朋友过去帮忙。多年前的一个圣诞节前夕，罗布就曾被七七拉去工作室帮忙。

后来的某个年底，七七找到罗布。聊过之后，罗布才知道七七的工作室经历了一些变故，目前主要由她自己经营。七七说为了新年有个新气象，她终于下定决心找罗布去整理她的工作室。

七七的惯用脑型是右左脑——感性输入、理性输出，堪称满身都是艺术细胞的完美主义者。在咨询的过程中，罗布了解到七七的工作室搬了一次家，从 3 层小楼搬到了一套拥有三室两厅、一厨一卫、一个大露台的 200 ㎡ 套房里。搬过来之后，工作室就再也没有整理过，每个空间都堆积了很多没有用的物品。

罗布感觉到其实七七能够判断出哪些物品需要留下、哪些可以丢掉，从能力上来说，她完全可以胜任这个任务，但是她不想自己去面对。这就是罗布能够在规划整理过程中辅助、引导她的部分。

针对目前七七的工作室的空间状况以及从5人5岗变成1个人要轮转5个岗位的情况，罗布将房间重新进行了规划，并在规划的过程中把七七未来的计划纳入其中，比如：七七不想增加人手，那么她的工作区域就只用按照她喜欢的样子和她习惯的摆放方式去做整理收纳；工作室的网上业务量逐渐减少，那么在整理时就要把仓库里的库存清点出来并做出处理；七七的工作重心将从之前的出售多肉植物与花盆转向花艺设计与花艺课教学，因此，创作空间和上课区域就必须方便实用、"可以见人"；一位做手工编织的朋友即将租用工作室的一个房间，需要将那个房间清空，并在客厅规划出一个可以公用的合理空间。

工作室的5个岗位分别是：仓库管理员、包装发货员、客服、花艺老师、产品研发员，罗布为此匹配了6个区域：仓库、包货区、客服区、上课区、创作区和手工区。所

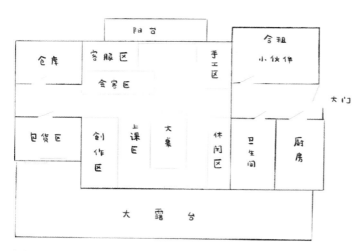

七七的工作室功能区规划俯瞰图（橘子制图）

有区域基本都集中在全屋的左半边，上课区和休闲区是公用空间，挨着合租朋友的房间，工作起来可以互不干扰，休闲娱乐时也能其乐融融地在一起。

整理前，仓库的地上放了很多空的纸箱、包装袋，飘窗上也堆满了物品，导致原本采光就不是很好的房间更加昏暗，七七说每次来仓库找物品都需要"深吸一口气，告诉自己沉着冷静"。

在整理过程中，罗布和七七一起把还在售卖的商品从屋子各个角落集中起来，按照分类码放在货架上，把不售卖的物品（样品、坏掉的花盆、私人物品等）全都清理出去，最后居然清出来 12 个大箱子。整理完毕，七七说看着仓库恢复了刚搬进来时的样子，店铺的产品结构和未来规划就自然而然地在她的脑中浮现出来。

整理前，包货区有两组货架，上面的部分物品是因为仓库放不下而"被迫"挪到这

整理前，仓库杂乱无章、拥挤不堪

整理后，仓库整洁有序

里的，所以不全是包货所需要使用的物料；唯一的操作台上堆满了杂物，导致七七不得不在地上打包货物，完全丧失了操作台应有的功能。

在整理过程中，罗布让操作台保持空无一物的状态，把散落在各处的包货常用工具和物料放在了靠近打包桌的左侧货架上一转身即可取放的位置，让七七只在包货区走几步就能把以前要在整个家走上一圈的事情做完，大大缩减了日常工作动线，极大地提高了工作效率。

整理前，家具的"奇葩"摆放让整个客服区十分"尴尬"，无法发挥实用功能。比如，冰箱和沙发紧挨在一起，冰箱门打开很不方便；书架和电脑桌挤在一起，难以取放书架下方的物品。

在整理过程中，罗布把书架进行 90 度挪转，既可以作为客服区和会客区、上课区之间的界线，增强客服区的隐私性，不受会客、上课打扰，还可以将书架实现最大化利

整理前，包货区就像垃圾场

整理后，包货区的操作台与货架各执其能

整理前，客服区的布局极不合理　　　　　　整理后，客服区的分界清晰且相对隐蔽

用，放下更多上课材料；两个小电脑桌被分开靠墙摆放，中间用机箱和透明收纳盒作为分界，可以同时互不干扰地工作，提高客服工作效率。

　　整理前，上课区的大桌稍显凌乱与拥挤，看上去很适合干活儿，但不适合待客或者上课。在整理过程中，罗布将大桌上的物品全部清走，为日常待客和上课留出足够的空间。

　　整理前，创作区装材料的储物抽屉摞得很高，不方便取放物品；工作台一半面积被工具和半成品占据，无法大展身手；很多刚到的货物被顺手放在储物抽屉前的地面上，严重阻碍行走动线；工作桌底部放了很多纸箱，坐下后双腿无处安放。

　　在整理过程中，罗布把垫在抽屉储物盒下方的桌子挪到更需要它的地方，让整组抽屉储物盒直接落地，墙面露出后减少了视觉压抑感，空间清爽了很多；把七七随手用的花艺工具全部挪到工作桌的两侧，恢复工作桌应有的功能；调整墙面层架上的物品摆放位置，在伸手就能够到的地方放置随时要用的半成品，最上层则陈列了七七的创作成品，兼具了实用性与美观性。

整理前，创作区的物品多得让人压抑

整理后，创作区兼具实用性和美观性

整理前，上课区凌乱且拥挤

整理后，上课区整洁清爽，留出了上课与待客的空间

手工区设置在客服区对面，算是创作区和上课区的一个补充区域，如果这两个区域的空间不够用，就可以挪到手工区来操作。不过，整理前，手工区也堆满了物品，无法发挥备用操作空间的功能。

　　在整理过程中，罗布引导七七将手工区的物品进行筛选和分类，保留了七七上课时学员要用的物料，并分类收纳在桌子下方和墙面层架上；工作台则保持空无一物的状态，以便操作空间不足时能启动备用。

　　工作室整理完毕，七七拖着罗布去她经常做spa的地方，每人来了一个全身按摩。七七说："给工作室做完'全身spa'之后，也要对自己好一些。"

　　接下来的几天，罗布的朋友圈被七七刷屏：

　　"罗布同学拯救了快溺毙在混沌仓库中的我！天知道为什么有那么多黑洞！"

整理前，手工区散落着各种杂物　　　　　整理后，手工区清爽整洁，课用物料摆放得井井有条

"工作室就这样被整理术士大人给救了！泪流满面。结构也调整了，所有物品都找到了自己的位置！好棒！还顺便给客服做了个小空间，感动！"

"今天过来工作室，一开门，猛地感觉就是大了 10 ㎡ 以上，走在里面一点也不堵，找物品的时候一开抽屉它就乖乖地在那儿等着你，简直爽得不要不要的！"

罗布看着七七特别"右脑"式的表达，很开心这次规划整理真的帮到了她，让她能够 1 个人玩转 5 个岗位。

整理之后的一个月内，罗布经常进行在线回访，问她这几个空间的使用情况如何，她的反馈是"维持得还不错"，如果用得不顺手，她就会按照罗布在整理过程中教给她的方式去调整。

后来，七七考取了国际花艺师证书，网店的产品销量有了一个小幅度的增长，她大胆地砍掉了好几个产品，启动的新业务也慢慢有了进展，让工作室又有了一个新的开始。

规划整理师的工作是辅助客户解决人、物品和空间的关系问题，不过罗布的开心和成就感不止于此，她更希望看到客户整理之后的变化，当然也有客户并没有多么好的变化，但只要有变化，罗布就觉得有意思和有意义。

04　办公室厨房整理大作战

从事厨房家居用品行业的 T 公司针对客户开展了美食教做培训服务，因此，办公室开辟出专门的厨房区域作为日常培训基地和员工烹饪餐区。

2020 年 4 月，T 公司经过重整，与华东分公司、闽北办事处和闽南办事处合并。由于

希望桌面整洁，能够拥有右手拿文件看、左手拿杯茶喝的惬意状态。

虽然任先生的需求和目标都比较明确，但任先生提出了一个"难题"：由于他的工作特别忙，只能给辛晶3个小时来完成这次规划整理工作，并且他只有1个小时来参与需要他协助完成的物品筛选和分类等环节。

面对这个艰巨的任务，辛晶请出了后援团。很快，另外两位非常有经验的规划整理师加入此次规划整理。辛晶负责拟定规划整理方案并再次与任先生确认整理目标，一位整理师现场规划空间并准备合适的收纳工具，另一位整理师协助任先生对物品进行筛选与分类，三人一起合力完成具体的收纳工作。

经过3位规划整理师3个小时的奋战，任先生的所有需求和期望效果都得以完美实现。任先生表示很惊喜，并特别邀请规划整理塾讲师对其公司员工进行整理理念宣讲，现场参会人数多达100余人。宣讲后，大家都感慨规划整理这个在国内崛起的新兴行业必定能给更多人带来生活品质的提高。这也正是规划整理的魅力和规划整理师的骄傲。

PART 2　　**公益整理与老年整理**

　　整理不仅可以服务万千家庭，也可以让公益机构、福利组织等得到支持。任何空间的整理归根到底都是为了服务居住在那里的人。虽然公共空间具有与家庭不一样的特征，如面积更大、功能分区不明、需要公共活动区域、居住者或者活动者多、整理责任不能落实到人等，但规划整理师以规划为特色，秉承"以人为本"的核心理念，能够切实协助公益机构将整理工作落实到位。

　　老年整理是近几年收纳整理领域比较重要的板块。老年整理的难度较高，由于老年人对新观念、新事物的接受程度普遍不如年轻人高，需要更多地应用感性的方法和尊重的理念去为他们做整理。注重"以人为本"的规划整理能让老年人在整理中得到少一些批评与指责、多一些帮助与支持。

01　整理让阳光照进儿童福利院

　　厦门同心儿童院是厦门首家民间儿童福利院，主要代养一群缺失监护人或原生家庭无抚养能力的儿童。院长是一名具有海外留学经历的僧人——传觉师父，儿童院师生都叫她"觉师"。在规划整理师霖霖接到整理邀请时，觉师从上一任院长手里接管儿童院的工作才不到一年。

整理时，清理出来的物品铺满了院子的空地和走道，需要——进行清点、分类和收纳

儿童院成立了近 15 年，办公室、物料室、手作室、爱心超市、会客厅……到处都毫无章法地堆放着各种各样的物品。尽管霖霖已经做足了心理准备，但当一个个凌乱空间呈现在面前，她还是心惊不已。

觉师告诉霖霖，15 年来，从来没人对儿童院进行系统整理，院里的物品不仅数量巨大，而且种类繁杂，因为包括她在内的工作人员和亲子老师的办事效率和状态受到了极大的影响，所以想要通过规划整理来改善大家的工作和生活环境，迅速并彻底地捋顺所有的物品，为儿童院即将到来的 15 周年庆典做好充分准备。

一场大型规划整理行动拉开了序幕。当陆续将院里的物品从各个角落清理出来时，在场的所有人面对眼前的景象都惊呆了，同时为即将进行的整理狠狠捏了一把汗。

儿童院自建成以来，常年受到社会各界人士的爱心捐助，但也正因为如此，院里经常收到数量远超需求或者物品与实际需求难以匹配的捐赠物品，导致许多物品因为无法使用而闲置，造成了大量的浪费。许多人都诚意十足地为公益事业付出许多，努力让"爱心"这个词变得美好且实用，但往往无法与受赠方的需求完美匹配。也许只有当受

爱心人士捐赠的婴儿学步鞋由于没有需求被闲置多年

爱心人士捐赠的超出需求数倍的学习用品，有的甚至已发霉变质

爱心人士捐赠的日用品因使用不完而过期许久

赠方毫无压力、有所规划地接受捐赠，奉献的一片真心才有可能不空付。

霖霖和大家一起对清理出来的物品进行筛选、分类、定位、收纳，最终物料室、手作室、爱心超市恢复了应有的功能，相应的物品经过分类被有序收纳到规划好的固定位置上，原来的一片狼藉变为井井有条，功能分区明确，物品一目了然，工作环境焕然一新，工作效率大大提高。

整理前，物料室一片狼藉

整理后，物料室整洁有序，还兼具备用办公室的功能

整理前，爱心小超市因无人管理而名存实亡

整理后，爱心小超市不再是杂物仓库，超出需求量的有用捐赠品将在开放日进行义卖流通

　　霖霖团队还对院长室、办公室和会客厅进行了重新规划，消除了因空间布局不科学而产生的安全隐患，并解决了动线不合理的问题。觉师和亲子老师们在霖霖团队的引导下，对院长室、办公室内的所有文件进行了筛选和梳理，并按照时间、类别、使用频率

整理前，手作室里什么都有，却什么都找不到

整理后，手作室宽敞清爽，物品取用方便

整理前，院长室里过高的铁皮文件柜不仅取放文件极为不便，而且存在极大的安全隐患

整理后，院长室不仅消除了安全隐患，而且露出了更多墙面，清爽美观

整理时，院长室里堆满了清理出来的文件资料

整理后，院长室宽敞明亮，实现了桌面少物的理想状态

整理前，办公室布局不合理

整理后，办公室不仅增加了收纳空间，还预留了新的工位

等对留存的文件材料进行分类和定位；调整会客厅的布局，将大会议桌移到食堂作为饭桌，留下较小的会议桌接待客人，提高了空间利用率。

历时 4 天、52 个小时，儿童院焕然一新。觉师开心地说："整理真的是一种魔法，把我们的心境冲刷得清朗、亮堂！感恩有你们，随时欢迎你们回来吃饭！"亲子老师Miss 黄拉着霖霖问："你们什么时候还做整理？我可以加入你们吗？"

最后一天离开时，孩子们问："你们明天几点过来？"在得知整理已经全部结束后，

整理前，会客厅放着两张会议桌，略显拥挤

整理后，会客厅的空间阻碍明显减少，可以容下更多到访者

会客厅的大会议桌移到食堂后，变成了"团圆桌"，一家人吃饭的感觉真好

一个小女孩跑了过来，在霖霖手里塞了一张画。霖霖展开一看，是一朵太阳花，很美好。霖霖小心翼翼地收好，珍藏起来。愿孩子们在未来的日子里积极地面对这个世界，让更多温暖的阳光照进纯净的心田。

02　规划整理出能够"看见孩子"的幼儿园

"每个孩子都需要被看见。"眼里透着真诚期待的森学园杨园长用温柔而坚定的语气说出了自己的办学理念。带着这句嘱托，荀子以规划整理师的身份来着手规划设计这家别具一格的幼儿园。

森学园设在一个居民小区内，由住宅改造而成，是一家以实践德国自然与森林教育、实行自然游戏教学法、培养主动学习探索能力的家庭园。它只有两个班，每个班由4名老师、12名 2 ～ 7 岁的混龄学生构成。荀子着手规划整理的是新开的二班。

如何将园长嘱托的"看见孩子"融入规划整理中，让孩子们一走进这里就能感受到"让教育自然发生，让自然孕育未来"的森学园教学理念，是这次规划整理的根本目标。

什么是"看见"呢？落实到不足 100 ㎡ 的空间时，荀子决定将聚焦点放在"人"身上：根据孩子不同的身高体态、活动能力、兴趣情感规划活动设施，引导他们独立完成力所能及的日常行为规范；按照教师与学生的不同使用者身份，划分活动空间界限；规划收纳空间和动线安排，突出便利性与人性化。

荀子认为，环境是教育的一部分，她希望班里的任何一个小区域、小柜子的设计都能体现尊重孩子的理念，让环境空间来潜移默化地引导孩子们自然而然地独立完成力所

各个区域的功能规划方案

整理后，角色扮演区里的服装道具全部上墙，而且可以调节高度，方便不同身高的孩子轻松换装

整理后，拼搭构建区里采用透明盒、无盖盒，方便孩子寻找物品，而且好拿好放

整理后，绘本区的高度设置符合幼儿园孩子的身高，好拿好放；绘本封面朝外直立摆放，方便孩子快速找到想看的书

整理后，用木夹子将孩子们 DIY 的大自然作品挂在竹篾墙上

整理后，用碗碟架充当音乐器具收纳架，挂在墙上节省空间，而且特意设置为"让大孩子帮小孩子拿放"的高度

能及的日常行为规范，无须老师"代替教导"、耳提面命。比如，在规划物品存放柜时，荀子的脑海里浮现的是孩子们进出门时能够独立穿脱鞋子、取放书包等非常细节化的场景。这种规划整理在某种程度上是一种隐藏的"让教育自然发生"的教学方式，润物细无声。

要想"看见孩子"，就要在空间上体现界限感。哪怕柜子分到每个孩子头上只有很小的区域，也要让他们拥有各自的专属空间，用来存放自己的物品。这有利于孩子从小建立主人翁意识——"我的地盘我做主"，同时也能提醒老师"给孩子更多主导权"。

荀子采用柜子 + 收纳工具的方式来体现界限感。物品存放柜主要用来解决孩子们的书包、园服、雨具、鞋子和老师们的教具、钥匙、每日教学记录签到本等物品的收纳问题，收纳工具则较多采用孩子拿得动、风格与"森林感"相近的轻便编织篮、藤篮等。

整理后，彩绘教具区采用颜色标签和开放式收纳盒等适合
低龄儿童的"右脑"收纳方式，既一目了然，也便于取放

整理后，彩绘收纳区让孩子们"看得见，拿得到，易还原"

整理后，大自然馈赠区让每个孩子都有专属篮子，用来收集树枝、石头等"收藏品"

整理后，用挂墙网格架收纳孩子们的擦手巾，可根据每个孩子的身高调节擦手巾所挂高度

整理后，抽拉架让孩子"看得见，拿得到"小型桌游玩具，开放式收纳篮则让孩子们能够独立轻松拿放中大型桌游玩具

物品存放柜充分利
用纵向空间,让孩
子能够独立挂衣、取
放书包、穿脱鞋子

每日教学记录签到本挂在进门处的柜子一
侧,方便老师使用

每日使用的教具放在物品存放柜上方,孩子够不着,老师可根据教学需要
选择展示或隐藏教具

看过具体的规划整理方案后，杨园长感慨道："真是将空间利用发挥到了极致！按照不同群体的需求进行规划整理设计，老师们太方便，孩子们太喜欢了！"

打造"看见每一个孩子"的空间环境，能够让孩子们逐渐建立自主意识和秩序感，而成人要做的就是：蹲下来，看到，尊重，换位思考，留足空间，静待花开，让教育在自然中生发。

相比设计师，规划整理师更加注重考虑人与物品、空间在日常生活中的和谐关系，以及如何让不同的使用者在同一个空间里，既能自己用得舒服，又能与其他使用者共融。

小到一支笔，大到一个园，只有善于观察和感同身受，才能拥有一颗善于"看见"的心，在规划整理中的每一个细节里"看见"孩子。

03　老人说不能扔的，咱就不扔！

每次朋友或者客户与规划整理师美玲讨论整理困扰时，总是会皱着眉头说："我也想整理啊！可是家里的老人什么都不愿意扔，想要彻底整理是不可能的啊！"

熊女士就有着这样的烦恼。熊女士家是三代同堂：熊女士的妈妈（熊妈妈）、熊女士一家三口。由于熊女士夫妇的工作非常忙，家务活主要由熊妈妈负责。在咨询阶段，熊女士说熊妈妈什么都要留着，厨房里的物品越堆越多，她曾经偷偷地扔掉一些物品，但熊妈妈发现后就会立刻拿回来，如果找不回来就会一直念叨她，所以她希望美玲通过规划整理来改善她家厨房物品堆积的情况。

集中筛选厨房物品时，除了过期食物和多余的包装盒被扔掉以外，其他物品都被保留下来

从儿童洗澡桶里清理出大量塑料袋，还有6把有缺口的刀

整理前，厨房柜子里的物品摆放混乱无序

整理后，分类摆放让熊妈妈能够清楚地了解厨房物品的种类和数量，不容易出现食材过期的问题

整理前，厨房地上堆满闲置物品，空间拥挤杂乱

整理后，厨房没有闲置物品阻碍行走动线，整个空间流畅美观，熊妈妈在里面做饭也会有好心情

美玲在现场拍照量尺寸时，仔细地看了一下熊妈妈在厨房里囤积的物品。其实，厨房物品并不是特别多，但确实大部分物品都处于闲置状态：旧的厨房电器、锅具、刀具，一两个木架子，大量塑料袋……最显眼的闲置物品是塞满塑料袋的儿童洗澡桶，据熊女士说，这个洗澡桶她偷偷扔了几次都失败了。

在上门规划整理时，熊妈妈一开始特别抵触，只要美玲一拿物品出来，她就认为物品会被拿去扔掉，于是一直在旁边念叨。美玲停下整理工作，向她耐心解释道："阿姨，您放心！这是您的厨房，这些物品只要您说不能扔，我们一定不会扔的。"熊妈妈虽然半信半疑，但也慢慢放下戒心，让美玲把所有物品都清理出来。

在清理物品的过程中，美玲一直与熊妈妈聊天，熊妈妈也慢慢向美玲敞开了心扉，美玲这才明白为什么熊妈妈要把所有物品都留着。原来，熊妈妈非常心疼女儿、女婿，觉得他们工作辛苦、赚钱不易，所以舍不得将买回来的任何物品当垃圾扔掉。比如，她觉得旧的家电、锅具还能用，想等下次回老家时带回去用；儿童洗澡桶之所以留下来，是因为她觉得冬天还能用来泡脚，如果到时确实不用了，再拿去卖给收废品的人；塑料袋随时都要用，留着总比丢了好……

听完这些，美玲的内心很受触动。她告诉熊妈妈，会帮她把旧的家电、锅具打包放起来，等她回老家时就可以直接拿走；洗澡桶已经确定不会再用，到时连同其他废纸盒一起卖给上门收废品的人；除了过期食物，其他物品都不会扔。

就这样，在互相理解的过程中，美玲和搭档很顺利地把厨房整理好了。

这次厨房整理让美玲深刻地体会到规划整理"以人为本"的核心理念。在规划整理的过程中，首先要去聆听"人"（自己或他人）内心的声音，其次用适合这个"人"的方式去处理物品和空间的关系问题，最后才能在筛选、分类、定位中解决整理矛盾和难题。

04 打破"60后"的家里到处都是物品的魔咒

厨房是住宅内空间利用率最高、生活气息最为浓重的地方。要想在狭小的厨房里得心应手地施展厨艺，除了依托厨房设计的合理性，还要处理琳琅满目的食材和调味品等厨房物品。

看过日剧《深夜食堂》的人，除了被食物和充满人情味的故事吸引之外，一定也注意到主人公的食堂——所有食材、器具神奇地被全部糅合在那极小的四方空间里，井然有序、恰到好处，与日常生活中缺乏物品和空间规划管理的拥挤混乱的厨房尤其是老年

整理时，运用四分法对食品进行清点、筛选和分类

整理时，紫悦引导李妈妈对食品进行清点、分类

人的厨房有着天壤之别。

很多老年人由于思维比较固化，意识不到规划整理的重要性，甚至抵触相关的整理帮助，导致家里被物品占据了大部分空间。李小姐的父母就是这样的老人。

李小姐的父母是"60后"，吃了半辈子苦的老两口在生活上很节俭，也很规律。两年前，老两口购买了一套 80 ㎡ 两居室精装房，住进去以后，家里变得越来越拥挤，据说哪哪都是物品。

当规划整理师紫悦来到老两口家中，看到的厨房是这样的景象：操作台被各种瓶瓶罐罐占据，砧板和刀架就放在这堆瓶瓶罐罐的夹缝中，洗菜池台面上和窗台上摆着暖壶、鸡蛋篓、咸菜罐、清洁瓶等，墙上、地上和柜子里的工具、食物、调味品乱摆一气，整个厨房毫无活力和秩序。

李女士说这就是邀请紫悦来为父母做厨房整理收纳的原因，她希望通过这次规划整理为父母的生活带来一些质的变化。

整理前，厨房操作台上挤满了瓶瓶罐罐，墙上、地上、柜子里都胡乱堆满各种物品

整理后，厨房操作台上只放置常用厨房物品

    在咨询过程中，紫悦给老两口做了脑型测试：李妈妈是左左脑，李爸爸是右右脑。经过深入沟通，紫悦发现家里大大小小的家务基本上都是李妈妈一个人在操持，可负责采购的却是李爸爸，不管家里需不需要，只要觉得划算，他就会把物品都买回来。由于

厨房空间比较狭小，装修设计不太合理，物品没有固定的位置，橱柜只是将物品"收起来"或者"塞进去"的空间场所，导致常用物品全部散落在厨房的台面和地面上。

看来，缺乏物品和空间规划管理思维是厨房物品爆满的根源。由于没有明确的空间规划，很多物品看不见、找不到，陷入重复购买、买完再塞的恶性循环，给做饭、洗碗等日常家务劳动造成极大的压力。要让老两口构建正确的物品和空间管理思维，第一步就是要帮助他们建立一个良好的易于维持的空间秩序。

紫悦仔细测量了厨房所有下柜、上柜、洗菜区、料理区、烹饪区的尺寸，并画出草图，与老两口初步沟通整理思路和收纳方案。最终，老两口认同并确认了整个方案的规划思路和流程安排。确定好整理方案以后，历时 12 个小时的厨房整理就开始了。

紫悦按照食品、烹饪工具、餐具、杂物、密封容器的物品整理顺序，引导老两口对厨房物品进行集中、清点、分类，让他们对厨房物品有一个全面的了解。考虑到老年人行动不便，分类的主要依据是使用频率。紫悦引导老两口将物品细分为 4 类：高频使用物品，低频使用物品，高频备用物品，不能使用的物品。

整理后，煤气灶台面上只放置常用烹饪工具，煤气灶下柜则用无盖收纳盒分类放置各种食材

在清点食品的过程中，老两口被自己的"收藏"震撼了一把：过期食品，过期调料，满是虫屎的豆子，找不到保质期的杂粮罐子，同类物品过多，物品数量过多……

在整理过程中，"舍不得扔"是大部分人的常态，在老年人身上体现得尤为明显。老两口认为生活要节俭，反复强调：过期的食品还可以吃，破损的用具还可以用，新的用具不舍得打开用，朋友送的不舍得扔……经过紫悦的耐心沟通与引导，老两口逐渐理解了整理的意义，并明白什么是真正的浪费，从不能使用的物品中挑出少量具有纪念意义的物品保留下来。

最后，紫悦和老两口一起将分好类的物品装入对应的收纳工具里，并贴上标签；将高频使用物品放置在厨房"黄金区域"（台面），高频备用物品放置在"次黄金区域"（橱柜下层），低频使用物品则放置在"非黄金区域"（橱柜上层），并且根据上轻下重的原则，将所有较重的物品或易碎品放置在下柜，所有较轻的物品或非易碎品放置在上柜。

整理结束时，紫悦将所有物品的空间定位告知老两口，并解释了每个物品定位的原因和优势，帮助他们理解真正的整理是如何更好地管理物品，而不只是把物品"塞进去"；明确"黄金区域""次黄金区域"和"非黄金区域"的概念，按照使用频率为所有物品"安家"……老两口对新的空间定位很满意，表达了会尝试逐渐适应和坚持这种新生活方式的意愿。

在最后一次回访中，紫悦发现老两口将整理效果维持得很好，90%都没有复乱。李妈妈开心地告诉紫悦，能够清清楚楚地掌控物品和空间的感觉真的太好了，每次来到厨房心情就特别好。李妈妈还悄悄告诉紫悦，现在李爸爸每次去采购前都会与她仔细沟通一番并列好清单，只买自己家需要的物品，再也不被优惠活动牵着鼻子走，省了不少冤枉钱！令他们惊喜的是，厨房开支比起从前减少了许多，关键是每一笔花费都特别清晰。

慢性整理无能的特殊规划整理

通常，国际整理界把具有整理需求的客户分为 3 种类型：

第一种类型，只是不知道什么样的方法适合自己，学习方法以后就可以做好整理。

第二种类型，由于遭遇某些事件、情境，比如搬家、结婚、生病，导致暂时无法整理，被称为暂时性整理无能（SD）。

第三种类型，由脑功能导致的长期无法整理，被称为慢性整理无能（CD）。

慢性整理无能客户的特点和需求、整理技巧等都与普通客户有着显著的区别。从事整理行业，难免遇到这类"难搞"到让规划整理师充满挫败感的特殊整理案例。CALO 通过与 ICD 合作，逐步将关于慢性整理无能的国际先进研究成果引入国内并传播，提高规划整理师应对特殊客户的整理水平。

01　慢性整理无能的研究发展

美国慢性整理无能研究所（ICD）是一个专门研究慢性整理无能的机构，已有近 30 年的发展历史。它起源于美国规划整理师朱迪斯于 1992 年在美国职业整理师协会

（NAPO）会议上所做的关于慢性整理无能的首个报告，此后成立了委员会，直到2010年才正式成立研究所。它的使命是让长期受到慢性整理无能困扰的人们以及服务于这个人群的专业规划整理师受到专业教育，并提供相关研究成果和方法论。

美国慢性整理无能研究所（ICD）官方网站

ICD 研究的核心是 4 类人群：长期受到混乱影响的慢性整理无能（CD）人群，老龄人群，强迫性囤积症人群，注意力缺陷多动症（ADHD）人群。

ICD 的工作内容主要分为教育研究和方法论。

教育研究主要是指针对专业规划整理师进行 CD 教育，分为 5 个认证级别：一级是基础认证，二级是专业认证，三级是 CD 领域专业规划整理师认证，四级是沟通督导，五级是 CD 及综合整理方面的导师级培训师。

方法论主要来自针对相关人群的心理学、医学、社会学研究，以及从各个专业规划整理师、医师、心理咨询师的案例中总结出来的经验。在此基础上，研发了情感整理、个性分类、整体不拆分、社交陪伴等一系列技巧。ICD 的杂乱囤积评估量表和生活杂乱程度评估量表，能够帮助规划整理师对客户的生活混乱状况和囤积状况进行预先评估。

02　慢性整理无能客户的特点

慢性整理无能（CD）客户一般同时具备 3 个特征：首先，不是一段时间混乱，而是常年持续不能整理；其次，日常生活品质受到影响，除了整理，还会在社交、想象力等方面存在一定的困难；最后，曾经尝试整理，但从未有过成功的经历。

在实践中，规划整理师接触到的一般客户有时间观念、可以集中注意力，而 CD 客户很难集中注意力、经常走神、喜欢聊天、缺乏时间观念；一般客户可以独立完成整理，而 CD 客户没有规划整理师陪伴就几乎不能独立完成整理；一般客户可以朝着目标选择适当手段，而 CD 客户会在过程当中过分纠结，或者因为其他事情打岔（打电话或者聊天等）而偏离目标，或者甚至出现手段和目标矛盾的问题（比如又想物品少又不愿意舍弃）。

CD 客户为什么会这样呢？这就要从大脑功能发育说起。大脑的前额叶皮质是脑部的命令和控制中心，决策、自控、处理复杂决定、权衡短期目标及其长期影响等较高层次的思考就在这里进行。前额叶皮质会受生理发育和心理损伤的影响，事件冲击、长期疲惫、失眠都可能导致其功能低下。CD 客户正是前额叶皮质功能低下的人群，在高效沟通、物品分类、取舍抉择、整理计划安排、现场注意力集中等方面都会受到影响。

03　慢性整理无能的特殊整理技巧

面对 CD 客户，未经学习和训练的规划整理师会很容易受到冲击，发现平时行之有效的整理方法在对方这里不管用。由于缺乏对慢性整理无能的正确理解，不知道如何应对 CD 客户，在整理过程中就容易受挫，整理完毕也容易因对方维持不了整理结果而灰心丧气。那么，怎么在整理中更好地应对 CD 客户呢？

第一，在心理准备上，要放弃平常认为理所应当的常识，用更专业的方法进行沟通。如果客户做的整理效果不那么好，要知道这不是客户的错，也不是自己的错。

第二，在事前沟通的环节中，不要将 CD 扩大化，不能仅凭照片看起来物品太多，或者客户觉得自己是 CD，就武断地判定为 CD 客户。规划整理师是不做心理诊断的，只是觉察客户是否具有 CD 倾向，以便更好地帮助客户完成整理。

第三，在咨询阶段，CD 客户会拖延或不愿意提供照片等信息，规划整理师要做好心理准备并及时提醒客户；CD 客户容易忘记约定，容易突然做出紧急取消、延期或中断的决定，规划整理师需要提前与客户商定备选日期，保证时间充裕不被影响。

在沟通时，需要遵循"CD 客户三原则"：

原则一：视觉化沟通。尽量将沟通内容可视化，用图解、清单、路线图、日程表等能让客户看到的方式去沟通。不要使用抽象词汇，不要讲客户不熟悉的词语，有时哪怕只是"打扫"这样的词，在规划整理师和客户头脑里出现的画面也是不一样的。

原则二：讲具体的话。不能使用模糊的语言，讲清楚行为、动作、时间、物品、地点等要素。比如，不要说"稍等一下"，而要直接告诉客户"稍等 5 分钟"；不要说"收起来"，而要明确指示"把台面上的餐具全部放进这个柜子的第二层"。在沟通的时候不要省略主语，否则客户会搞不清楚这个行为应该由自己做还是由整理师做。

原则三：说肯定的话。不要告诉客户"不要做……""这样不行"，而要直接说怎样做才行。不要对客户说威胁的话，比如"如果你不能集中注意力，我们今天就做不完""如果你不好好做整理，后面就做不好收纳"。当然，这类话语在规划整理师看来，可能只是在说一个客观结果，没有故意威胁对方的意思，但是 CD 客户比一般客户更需要安全的氛围和充分的接纳才能敞开心扉和做出配合，如果得到否定、催促、威胁，就容易造成他们情绪紧张、缺乏安全感，反而更加影响整理的顺利进行。

第四，在现场作业阶段，对物品进行分类时要为客户尽量整理出容易判断的选项，与其让客户思考物品的实用性和使用频率，不如让客户说出自己与物品的关系。由于 CD 客户的表达方式是混杂不清的（未经训练的人也无法非常清晰地把想法、事实和感受分开进行表达，但 CD 客户的表现会更明显一些），在规划整理师询问情况时，CD 客户往往会说出一大段混杂着愿望、需求、困扰、事实、判断、情绪的一揽子话，规划整理师在倾听时需要自行筛选出什么是客户真正的需求、什么是客户现在面对的事实、什么是客户的感受。

第五，督促后续维持整理结果。CD 客户很难维持好整理结果，规划整理师需要保持更多的联系、付出更多的关怀，同时预先准备好能够给予 CD 客户更多支持的支援机构、咨询师、顾问等的联系方式，在整理结束时连同整理报告一起给客户。请牢记，规划整理师与医生、心理咨询师不一样，既不采取治疗行为，也无法治愈 CD 客户，而是通过整理来帮助 CD 客户过上轻松舒适的生活。

扫一扫，找到美好生活的入门之道